VR

當白日夢成為觸手可及的現實
帶你迅速成為虛擬實境的 一級玩家

— VIRTUAL · REALITY —

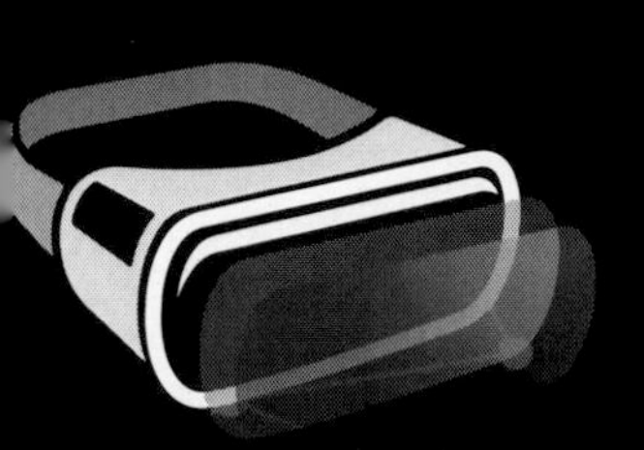

甘開全 編著

虛擬實境，現代高科技的新商機

商業模式全面盤點：一覽虛擬世界的中心！
VR產業細分解析：找到更好的經營地位！
產業趨勢深入探討：掌控未來正確方向！
「趨勢來臨，你要做的就是抓住機會」

目錄

第 3 章
VR 的商業模式：哪裡是虛擬世界的中心

第 4 章
沉浸式體驗：做到最好最真實的感覺

第 5 章
VR 變現：灼燒止血最原始也最有效

第 6 章
VR 未來趨勢：人類生活在虛擬世界中

內容簡介

本書從資本推手、VR 產業鏈、VR 的商業模式、VR 沉浸式體驗、VR 變現和 VR 未來趨勢等六個方面，多層次解讀了虛擬實境 VR 產業的起源、發展、分化蛻變和未來創新的軌跡，為廣大 VR 廠商、VR 創業者、VR 愛好者、科幻粉絲和廣大讀者觀眾呈現豐富多彩、精彩紛呈的 VR 世界。

本書集中探討了 VR 產業鏈的三大環節、五大商業模式和六大未來趨勢。

經過多年發展蛻變，VR 產業鏈已形成三大環節。第一個環節是上游，即硬體設備和平台服務提供商。第二個環節是中游，即以行業應用為主的內容提供商。第三個環節是下游，即管道服務提供商。

所有產業的發展都離不開良好的商業模式。本書提出了 VR 產業的六大商業模式，包括 VR 遊戲化、VR 大眾化、VR 社交化、VR 電商化和 VR 雲端化。其中，VR 社交化可謂是眾望所歸的商業模式，因為人是社會關係的總和，VR 技術又被社交巨頭 Facebook 引爆，VR 技術在社交巨頭的母體中發展，最後還可能回到社交中去！

在VR的六大未來趨勢中，VR開發者共同創造虛擬世界，VR技術全面升級為AR技術，接著人類在虛擬世界中享受真正的自由，並利用VR技術體驗災難，學會自救，同時解決了VR技術所帶來的道德挑戰，最後人類將在虛擬世界中實現「永生」！

前言
人生活在虛擬世界還是真實世界？

2011 年 4 月的一天早上，芝加哥城裡晨光朦朧、樓廈鍍金，充滿溫柔的詩意。這時，有一輛藍色的火車「喀嚓」作響，向著芝加哥城風馳電掣而來。

在火車裡，美國空軍飛行員史蒂文斯正靠著車窗閉目養神。突然，窗外傳來一陣尖銳的火車汽笛聲，史蒂文斯被驚醒了，他猛然睜開雙眼。天呀！他被眼前的情形嚇了一大跳，他記得自己之前做的最後一件事情，就是駕駛武裝直升機在阿富汗上空執行突襲任務，直升機被火箭彈擊中發生爆炸，自己應該是死了。怎麼，現在自己卻突然來到這輛詭異的火車上！

史蒂文斯發現自己對面坐著一位長髮如瀑、面容姣美的女子，她穿著藍色襯衫，坐姿極為優雅，還在不停地跟史蒂文斯說話，好像跟他很熟的樣子。這讓史蒂文斯感到更加驚駭，因為他並不認識這個女人！史蒂文斯還以為自己在睡夢中，於是他扭頭觀察火車裡的乘客，想弄清楚現在自己所在的地方是不是真實的。

史蒂文斯聽到有乘客「啪」的一聲打開了飲料罐，車廂走道的乘客把褐色的咖啡灑到自己皮鞋上，有乘客正在抱怨火車有可能晚點，還有乘客正在看書……這一切都顯得十分真實。

「票，票，票……」這時，列車乘務員走過來檢票了，史蒂文斯搞不清楚自己身處何處，一時語塞。

「啟動原始碼」式的穿越

對面的女子只好從他的上衣口袋裡拿出一張車票給列車乘務員檢票，並對他說：「肖恩，今天早上，你有點魂不守舍，你沒事吧？」

這時，史蒂文斯完全被氣炸了，他根本不是什麼肖恩，也不是什麼火車乘客、教師，他是空軍飛行員。史蒂文斯對那女子說：「聽著，你覺得你認識我，但我不認識你，我是考爾特•史蒂文斯上尉，我是駐阿富汗美軍的直升機飛行員！」

隨後發出「轟」的一聲巨響，火車爆炸了，烈焰吞噬一切……

不久後，史蒂文斯在實驗室中醒來，開始自己去調查事情的真相，結果發現自己被選中執行一項特殊任務，這個任務隸屬於一個名叫「原始碼」（Source Code）的政府實驗項目。之所以選擇他是因為在上次直升機爆炸中他的肉身已經死亡，但是腦細胞影像還未完全死亡。於是，科學家們利用特殊的設備，讓史蒂文斯反覆「穿越」到一名在列車爆炸案中遇害的死者身體裡，但他每次只能穿越回到爆炸前的最後八分鐘。史蒂文斯要在這短短的八分鐘內幫助政府部門找出製造爆炸案的元兇。

這就是科幻片《啟動原始碼》裡所表現出的虛擬世界。這種「原始碼」並不是時光機器，它不傳輸整個人，而只是傳輸人的意識，它將現代人的思想意識加載到過去某個人的頭腦裡，就像現在的穿越劇一樣。

雖然「回到」過去的史蒂文斯無法改變歷史，但他可以反覆回到爆炸前的火車上，在那個將要被爆炸摧毀的虛擬世界裡尋找破案線索。據此我們預見，人類要想創造出真正的虛擬世界，一定是將虛擬的電子訊號與人類真實的神經訊號結合起來。

現在問題來了，史蒂文斯回到過去變成了肖恩，由飛行員變成了乘客，那麼我們現在自認為很真實的身分和地位，是不是也是由未來的某個人變化而來的？說到這裡，人們不禁會發出這樣深刻的提問，我們到底是生活在虛擬世界還是真實世界？

隨著 VR（虛擬實境）技術的不斷發展，越來越多的人擔心自己是電腦模擬出來的。《阿凡達》、《全面啟動》、《極光追殺令》、《駭客任務》、《異次元駭客》、《啟動原始碼》等與虛擬實境有關的科幻片，分別從不同的角度詮釋了虛擬世界的真實存在及其暴露出來的一系列問題。

此外，很多宇宙學家在研究天體的過程中感到越來越奇怪，為什麼地球剛好是沿著一個特定的軌道圍繞一個特別的恆星旋轉，使得水能以液態的形式存在，也使得生命能夠在這裡不斷進化？這一切看起來好像是被某些高等智慧生物精心設計過一樣。

現在，人類透過外太空的哈伯望遠鏡能看見最遠的天體離地球約有 270 億光年，雖然人類已經「站得很高並且望得很遠了」，但是仍然沒有找到有其他智慧生命存在的跡象。所以，「人類生活在虛擬世界中」這個觀點似乎站不住腳，因為人類還沒有能力找到「萬能的造物主」。或許，在未來的某一天，人類的 VR 技術突破了奇點，可以自己創造出虛擬世界。屆時也許人類終於明白，自己就是曾經苦苦尋找的「萬能的造物主」。

VR 新秩序的「領軍力量」

現在 VR 風來了，資本暗流湧動，VR（虛擬實境）廠商異軍突起，VR 產業如日初升，朝氣蓬勃。VR 創新、創造的浪潮正猛烈地衝擊著人類世界的每一根神經，樹欲靜而風不止。

在全球巨頭企業的強力推動下，這種大遷徙隨時可能到來。在 IT 技術時代，Google 顛覆了廣告，YouTube 顛覆了電視，蘋果顛覆了手機，而在 VR 技術時代，Facebook 卻顛覆了現實，要讓億萬用戶沉浸到虛擬世界中去。人類之所以對虛擬實境趨之若鶩、欲罷不能，是因為虛擬世界似乎比現實世界更加完美一些。

在虛擬世界裡殘疾人可以成為健全的人，灰姑娘可以變成女神，懦夫可以變成英雄，平民可以變成耀眼明星，窮人可以變成億萬富豪，企業寡頭可以變成上帝，因為大家都在「玩虛的」……

然而，虛擬實境並非完美無瑕，VR 作為一種新生事物，需要在真實世界中不斷驗證與創新，才能被消費者接受。

虛擬實境之父杰倫·拉尼爾（Jaron Lanier）就尖銳指出：「未來，虛擬實境技術使我們需要面對的最大的道德挑戰，要遠遠超過人工智慧的影響。在科技行業，收費業務的本質在於對受眾產生影響，而擁有虛擬實境技術的公司都可以透過這種方式來影響用戶行為。由此可見，脆弱的人類自認為可以逃離糟糕的現實世界投入到虛擬世界的美麗懷抱中縱享自由，最後才發現自己卻被某些壟斷寡頭所窺視、所追蹤、所影響，徹底失去了自由……」

本書分別從資本推手、VR 產業鏈、VR 的商業模式、VR 沉浸式體驗、VR 變現和 VR 未來趨勢等六個方面，多層次地解讀了虛擬實境 VR 產業的起源、發展、分化蛻變和未來創新的軌跡，為廣大 VR 廠商、VR 創業者、VR 愛好者、科幻粉絲和廣大讀者呈現豐富多彩、精彩紛呈的 VR 世界。

書中透過有趣的故事案例，集中蒐羅了多位名人關於虛擬實境的言論，還配有豐富的數據圖表，深入淺出地闡述 VR 新秩序——虛擬實境的商業模式與產業趨勢。不論是 VR 遊戲化、VR 大眾化、VR 社交化、VR 電商化，還是 VR 雲端化，VR 的商業模式在不斷地分化裂變，快速疊代，否定之否定。未來，哪一種模式能成為 VR 新秩序的「領軍力量」，是 VR 社交化？電商化？還是 VR 雲端化？我們對此拭目以待！

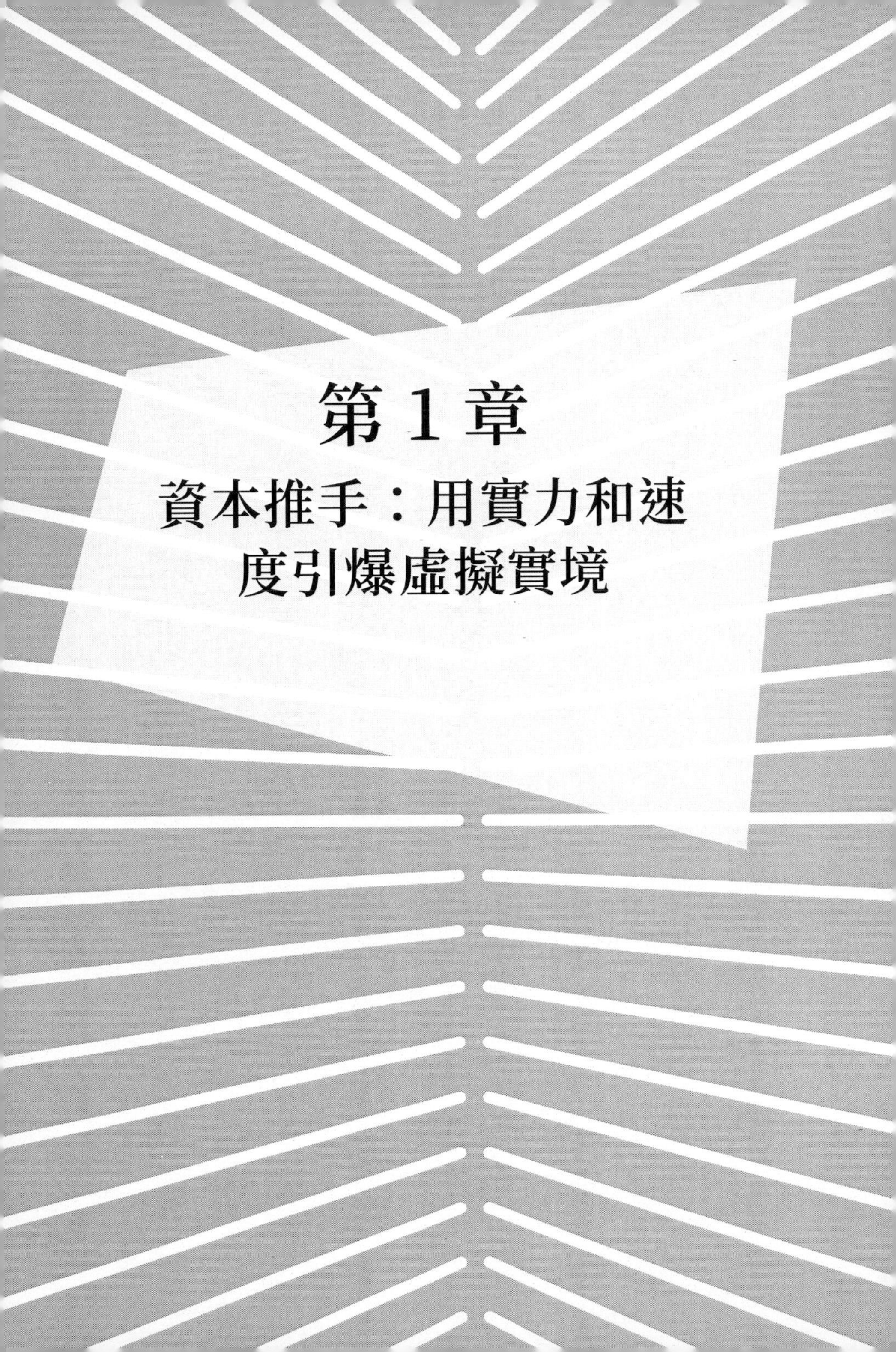

第 1 章

資本推手：用實力和速度引爆虛擬實境

1.1 「虛擬實境之父」——杰倫·拉尼爾

在我的少年時期，預言家們曾預言月球殖民地和飛翔的汽車會出現。而新時代的預言家腦子裡想的卻是基因組和數據。想起如此炫酷的過去，我更懷念未來。

——「虛擬實境之父」杰倫·拉尼爾

一望無際的太平洋正在翻波湧浪，潔白透亮的毛捲雲在湛藍的高空中自由飄浮，連綿起伏的海岸山脈像巨大的駝皮壺一樣把舊金山海灣全部盛起來，然後用紅色的金門大橋把壺口封住。這裡就是美國加州聖克拉拉谷，美國高科技企業雲集的矽谷（Silicon Valley）。

這一天，溫和、多雲、濕潤的海洋性氣候澤被萬物，給人以非常愜意的感覺。有一位二十多歲的年輕人正在矽谷款款而行，他身上的嬉皮打扮很快就引起眾多 IT 白領的「側目熱議」。

這位年輕人健碩如牛，不修邊幅，頭上捲髮亂飛，臉上長滿了絡腮鬍，更滑稽的是他手裡還捧一個鮮為人知的、被摸得油光可鑑的古怪樂器。他一來到這裡就四處遊蕩，左顧右盼。

「準備好了嗎？」「開始了！」「太激動了！」「不要吵！」

這位年輕人聽到一間破舊平房裡傳出喧鬧聲，就循聲走過去。他透過窗戶發現一些衣冠楚楚的工作人員正在圍觀一位工程師做實驗。只見這位工程師把一隻黑色的手套戴到手指上，這手套連接著花花綠綠的數據線。圍觀的人在一邊屏息靜觀，而工程師則戴著那隻手套自我陶醉，還隔空做出抓取、移動、旋轉等一系列動作，好像在「觸碰」什麼……

這位年輕人一下子就來了興趣，衝進去問工程師：「這是什麼？」

「數據手套！它能為用戶提供一種非常真實自然的三維互動手段。你願意參與嗎？」工程師看出這位初來乍到的年輕人身上充滿了熱情和活力。

「當然願意了……」年輕人目不轉睛地看著這隻神奇的手套，恨不得馬上體驗一把。

這位年輕人就是「虛擬實境之父」杰倫·拉尼爾，而那位示範數據手套的工程師就是「數據手套」的發明者湯姆·齊默爾曼（Tom Zimmerman）。

1980 年代人類文明進入了電腦革命時代，美國大批的大學畢業生、年輕人懷揣著雄心與熱情來到矽谷尋找「美國夢」。杰倫·拉尼爾就是其中之一。一身嬉皮打扮的杰倫·拉尼爾是如何「觸碰」到一個虛擬的世界，成為「虛擬實境之父」的呢？這一切都要從頭說起。

名師「保薦上大學」

杰倫·拉尼爾於 1960 年 5 月出生在美國紐約。後來，由於生活所迫，全家搬到了德克薩斯州的艾爾帕索市附近。杰倫·拉尼爾在這裡度過了一段美好的時光，他一邊上小學，一邊學習彈鋼琴，一邊聽管風琴、小提琴、大鍵琴等樂器演奏的音樂，並對音樂十分著迷。

十歲那年，一場車禍奪去杰倫·拉尼爾母親的生命，在殘酷的現實面前，人類的生命顯得如此脆弱。失去母親的杰倫·拉尼爾鬱鬱寡歡，最後生病、輟學。接連的打擊，讓杰倫·拉尼爾陷入了人生的低谷。

經過幾次搬家，杰倫·拉尼爾和他的父親結識了一位科技界的好朋友——美國天文學家克萊德·威廉·湯博（Clyde William Tombaugh）。那時，湯博可是一名紅極一時的科學家。1930 年，湯博根據美國天文學家洛韋爾經計算所做出的預測發現了冥王星，之後，馬上被美國堪薩斯大學和北亞利桑那大學授予天文學學位。從 1955 年起，他開始在新墨西哥州立大學任教直到退休。2015 年，根據美國新視野號探測器飛掠探測取得的科學數據，冥王星最終成為了「矮行星之王」。

當時，湯博認為憂鬱孤獨的杰倫·拉尼爾具有研究世界的潛質，因為很多做研究的科學家，其思想境界常常走在世人的前面，而世人並不理解他們，所以他們要忍受著長時間的被誤解、寂寞與孤獨。

「現在孩子在哪裡上學？」湯博問拉尼爾的父親。

「噢，很不幸，他輟學了，這些年一直跟著我東奔西跑的。」拉尼爾父親無奈地攤開雙手。

「哦，這樣不好。這樣吧，就去我任教的新墨西哥州立大學上學吧。」湯博向拉尼爾的父親建議。

「太好了，有您這樣著名的美國天文學家保薦，小拉尼爾上大學是沒有問題的。」拉尼爾的父親興奮得要流淚。

要知道，新墨西哥州立大學是一所歷史悠久的美國公立大學，是很多美國高中生心目中的科學聖堂。該大學成立於 1888 年，主校區位於美國新墨西哥州的拉斯克魯塞斯，師資資源十分豐富，師生比例高達 1：19。其所設的學科包括電腦科學、天文學、生物學、化學、數學、物理學和音樂等。

十四歲的拉尼爾高中沒畢業還輟學在家，現在有名師保薦去上大學，那是多麼榮幸的事呀。

「你要學什麼專業？」湯博問拉尼爾。

「有音樂專業嗎？」拉尼爾對於音樂還是情有獨鍾。

「有，但是我推薦你去主修數學課和化學課，利用業餘時間再選修音樂學。」湯博誠懇地提出建議。

「拉尼爾，我看就這麼定了。」拉尼爾的父親生怕情況有變，就迅速把這件事情定了下來。

在湯博教授的保薦下，十四歲的拉尼爾十分順利地進入新墨西哥州立大學插班學習。很快，他就學會了用電腦程式設計，懂得利用程式代碼指揮電腦解決現實生活中的問題。

大學畢業後，拉尼爾開始認真思考自己的職業方向。1983年，二十三歲的拉尼爾利用大學學來的程式設計技能，開發出了他的第一款電腦遊戲，還取了一個充滿科幻色彩的名字「月塵」。當時，摩根已經接任全球第一家電腦遊戲機廠商雅達利公司的董事長，正在大張旗鼓發展電腦遊戲產業。當然摩根看到「月塵」遊戲流暢凌厲的畫面後，馬上招納拉尼爾到雅達利公司麾下。

當時的遊戲機市場競爭十分激烈，任天堂、SEGA和SONY等後起之秀，不斷挑戰雅達利公司的「老大」地位。拉尼爾作為遊戲開發人員，承受著巨大的壓力。

不過，幸好有音樂相陪，讓他忘卻了殘酷的市場競爭。在雅達利公司工作期間，拉尼爾曾前往紐約學習藝術一年，後來拉尼爾透過自學，無師自通學會了許多樂器的演奏技巧。這時，拉尼爾的潛能開始噴發出來，一方面他是為商業公司開發電腦遊戲的電腦科學家，另一方面他又是個多面手的藝術家。他不僅能與其他音樂家一起參加演出，還學會收藏各種各樣古老的樂器，並為一些新電影配上恰到好處的音樂，甚至他還在歐美許多博物館展出自己的繪畫作品。

不過，這一切都沒有矽谷更具吸引力。在美國精英階層看來，矽谷是「最靠近夢想」的地方，那裡擁有獨特的創新文化，鼓勵冒險，刺激創新，容忍失敗，崇尚自由。

在 1985 年的一天，拉尼爾懷揣夢想，以嬉皮的打扮前往矽谷，於是就出現了前面所描述的情形。拉尼爾正是由於這樣滑稽的打扮，所以引起了有心人的關注，包括「數據手套」的發明者湯姆·齊默爾曼。

當時，湯姆·齊默爾曼正向同事和風險投資人展示他的發明「數據手套」，沒想到中途闖進來了一位「嬉皮」。

真是人不可貌相，湯姆·齊默爾曼經過一番了解，才發現這位年輕的拉尼爾根本不是什麼「走街串巷」的流浪歌手，而是新墨西哥州立大學的畢業生，更重要的是他還會編寫電腦程式，製作電腦遊戲，而自己發明的數據手套正好需要這種級別的程式設計人才。

「兄弟，我們合夥做個研究所吧。」齊默爾曼把拉尼爾安頓了下來。

「研究什麼？」拉尼爾問道。

「從小方面講就是製造數據手套，從大的方面講就研究人類與虛擬世界的一種全新的互動手段。」湯姆·齊默爾曼向拉尼爾描繪了智慧人機互動研究的光明未來。

「太好了，這是我聽到的比音樂更加美妙的東西。」拉尼爾一口答應下來。

在當時，數據手套是一種十分先進的虛擬實境硬體，它透過軟體程式設計，可進行虛擬場景中物體的抓取、移動、旋轉等動作，也可以利用它的多模式性，作為一種控制場景漫遊的工具。數據手套的出現，為虛擬實境系統提供了一種全新的互動手段。數據手套可以檢測到手指的彎曲度，並利用磁定位感測器來精確地定位出手在三維空間中的位置，這樣用戶就可以利用這種「數據手套」在虛擬世界中觸摸和抓取他們想要的東西。

怪不得，拉尼爾第一眼看見神奇的數據手套，就被它深深地吸引住了。

最先定義「虛擬實境」

1985 年，杰倫·拉尼爾和湯姆·齊默爾曼等人合夥創建了 VPL 研究所，開始研發虛擬世界的各種支援技術。他們在租的一間破舊平房裡，搭建了「世界上最有意思的房間」。他們夜以繼日地程式設計與開發，要將虛擬實境技術轉化成真正的應用產品。他們希望在矽谷這樣的地方，調動所有人的熱情，整合所有公司的資源和創投資本一起來做這件事情。

「人才＋創意＋資本」的矽谷發展模式果然十分奏效，在 VPL 研究所裡，拉尼爾在數據手套的基礎上，發明了虛擬相機，還設計三維圖形電影，推動了網際網路朝著多維空間方向發展，如 Web 2.0（即用戶參與式網路）。

在研究期間，杰倫·拉尼爾首先提出了「虛擬實境」（Virtual Reality，VR）的概念，並做了明確闡述。杰倫·拉尼爾指出，虛擬實境的內涵就是：綜合利用電腦圖形系統和各種現實及控制等介面設備，在電腦上生成的、可互動的三維環境中提供沉浸感覺的技術。其中，電腦生成的、可互動的三維環境稱為虛擬環境。虛擬實境技術是一種可以創建和體驗虛擬世界的電腦仿真系統技術。它利用電腦生成一種模擬環境，利用多源訊息融合的互動式三維動態視景和實體行為的系統仿真使用戶沉浸到該環境中。說白了，虛擬實境就是讓用戶沉浸到虛擬世界的智慧人機互動技術，科學家們在現實世界中透過各種技術創造一個虛擬世界，讓人徹底沉浸到裡面去。

由於杰倫·拉尼爾首先提出並定義了虛擬實境，所以他被譽為虛擬實境之父。

虛擬實境這一概念被拋出來後，全球廠商各顯神通，紛紛上馬虛擬實境項目。不過，目前各大廠商研發的虛擬實境技術大部分應用集中在娛樂、社交方面。這樣窄小的應用場景顯然是不夠的。杰倫·拉尼爾認為虛擬實境應該造福現實，而不是一味地在虛擬世界「玩虛的」。

杰倫·拉尼爾希望虛擬實境技術能夠盡快在醫療上如手術建模、模擬解剖等方面應用起來，能夠做到真正造福人類。可以說杰倫·拉尼爾既是 Web 2.0 的締造者，同時也是反叛者。面對眾多追隨他的粉絲，杰倫·拉尼爾曾深情地說：「大眾智慧會引發長久不息的啟蒙運動，無辜的大眾很可能會蛻變成網路暴民。在我的少年時期，預言家們曾預言月球殖民地和飛翔的汽車會出現。而新時代的預言家腦子裡想的卻是基因組和數據。想起如此炫酷的過去，我更懷念未來。」

圖 1-1 所示為「虛擬實境之父」杰倫·拉尼爾的貢獻示意圖。

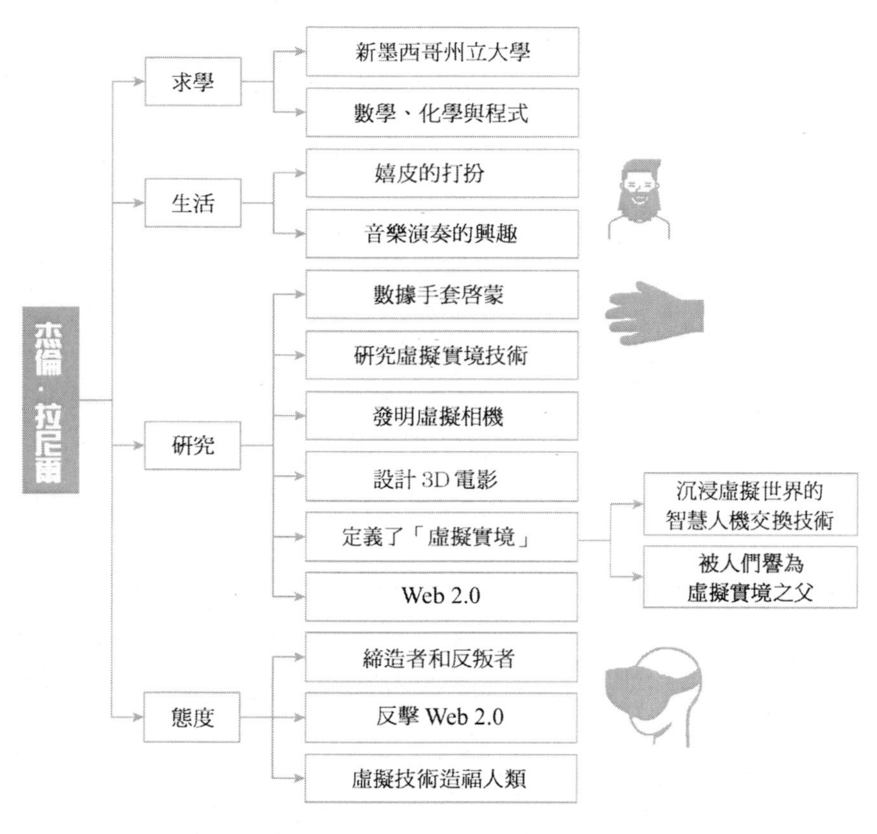

圖 1-1　「虛擬實境之父」的貢獻

要怎麼理解拉尼爾的話呢？人類需要網路、需要虛擬實境技術，但是絕不能淪為高科技的奴隸。人類沒到過未來，怎麼懷念呢？其實，人類可以透過 VR 技術來創造一個未來的虛擬世界。人類無法改變過去，但是未來是個未知數，具有可塑性，人類可以好好利用虛擬實境技術造福當下，也就等於創造了美好的未來。

1.2 VR 風口：源自矽谷的創新浪潮

網際網路產業裡充斥著眾多浮躁和跟風的公司，在科技界裡各種風口論滿天飛，這讓一些立場不堅定的科學家漸漸迷失自我。在社交化網路發展到烈焰沖天時，研發虛擬實境技術的杰倫·拉尼爾也開始「不專注」了。

在 VPL 研究所研究虛擬實境技術的同時，杰倫·拉尼爾還發明了一個免費的照片和影片共享程式。此舉，引起 Facebook 創始人馬克·祖克柏的注意。因為 Facebook 是世界排名領先的照片分享網站，是全球最大的網路社交服務平台，而免費的照片和影片分享正是億萬用戶所需要的。

2010 年，杰倫·拉尼爾為了發展「照片和影片共享程式」成立了一家公司。在草創之初，拉尼爾的公司僅有十幾名員工，並沒有明確的商業計畫，他試圖像其他網路公司那樣「以概念代替經營，將免費分享進行到底」。

資本推波助瀾

兩年後，Facebook 出價十億美元收購了杰倫·拉尼爾的公司。杰倫·拉尼爾不得不走出，去擔任微軟的架構工程師，協助微軟研發一種能夠兼容各種 VR 硬體的新一代電腦主機。用杰倫·拉尼爾自己的話說，「就是在幫微軟造點東西」。

杰倫·拉尼爾的離開，一時間讓 Facebook 以「金錢買時間」來發展虛擬實境的打算難以實現。但是被譽為「蓋茲第二」的 Facebook 創始人兼 CEO 馬克·祖克柏並不滿足於只構建社交平台，他手上可是擁有超過九億的用戶。在這樣龐大的用戶群基礎上，再抓住 VR 這個新風口，只要輕鬆揮舞一下資本大棒，就能在產、學、研的源頭上壟斷 VR 產業。

2014 年 4 月，Facebook「先下手為強」，耗費二十億美元巨資收購了 Oculus Rift 公司所有的資產，最終成為了引爆虛擬實境發展浪潮的導火線。

「忽如一夜春風來，千樹萬樹梨花開。」VR 產業猶如脫韁的千軍萬馬一樣，變得異常瘋狂起來。首先是各行業巨頭爭取布局，像 Google、SONY、三星等巨頭利用自身的資源優勢開始跨界發展，陸續推出各種版本的 VR 硬體。其次，遊戲發行商開始尋找 VR 遊戲合作，像育碧娛樂軟體公司、美國藝電公司等企業紛紛推出 VR 遊戲新作。

源於矽谷的 VR 浪潮，像原子彈的巨大衝擊波席捲了整個歐美科技界。在 VR 產業大勢和資本的瘋狂推動下，市場很快被攪得天翻地覆，先後誕生了多家 VR 企業，還有很多原來似乎與 VR 產業毫不相干的企業也爭先恐後地加入爭奪戰。

1.3 有核心技術：獲得風投不是偶然

擴增實境（AR）是一個重大概念，就像智慧手機一樣，這個概念非常龐大，並且可以改善我們的生活。AR 就像是 iPhone 中的一種晶片，這不是一種產品，而是一種核心技術。不過，想要將 AR 變成主流技術，還需要克服各種各樣的挑戰！

——蘋果 CEO　庫克

2017 年 2 月的一天，美國西部的太平洋驚濤拍岸，濺起無數的浪花與迷茫的水氣。此時，一位年富力強的男子步履輕鬆地來到加利福尼亞州舉行的「重新編碼代碼」（Recode Code）媒體會議現場。乍一看，他有著烏黑倔強的頭髮、高挺的鼻梁和始終微笑的臉龐。他就是 8i 公司的新任執行長史蒂夫·雷蒙德（Steve Raymond）。

激動人心的全像影片展示

史蒂夫·雷蒙德剛步入會議室，在座的所有人馬上凝神靜氣，齊刷刷地望著他。只見史蒂夫·雷蒙德拿出一部智慧手機，打開手機應用 Holo，然後高興地說：「現在，我讓各位領略一下什麼叫做虛擬實境版的好萊塢電影！」

在台上，史蒂夫·雷蒙德舉起手機，用上面的網路攝影機旋轉一周三百六十度拍攝。這時，手機應用 Holo 已透過手機裡的相機和感測器，掃描出室內的三維空間。

然後，史蒂夫·雷蒙德煞有介事地說：「好了，我們叫一位議員出來跟我講一講，關於矽谷最新的科技政策。」

只聽「嘀」的一聲，一位西裝革履、頭髮梳得油光可鑑的政客，透過全像影片投射到現實世界中。

只見那位政客一上來就手足舞蹈、口若懸河地說個不停……

史蒂夫·雷蒙德不得不打斷他說：「好了，我們都知道矽谷的包容政策和創新精神了，現在輪到狗狗說話了……」

「哈哈……」觀眾都被逗得笑出聲來。

這時，史蒂夫·雷蒙德又將一隻小狗透過全像影片投射到會議現場。只見那隻小狗搖尾賣萌，十分可愛。史蒂夫·雷蒙德與牠一起散步、合照，進行互動。這時的史蒂夫·雷蒙德好像不再是 8i 公司的新任執行長，而變成好萊塢的電影明星了，正在忘情地自編自導各種各樣的橋段。

在場的觀眾都被這種新穎的娛樂方式震驚了，大家紛紛站起來給他鼓掌。

這就是 8i 的全像影像影片，而此前，8i 公司的全像影像影片都需要透過 VR 頭盔觀看。考慮到現在的 VR 頭盔還是有些笨重，不如手機那樣方便隨身攜帶和使用，於是 8i 公司的團隊研發出了可以在智慧手機上運行的手機應用 Holo。

手機應用 Holo 最終要呈現的效果，就是要在現實世界中呈現全像影片。

Holo 的工作原理可以分為三個步驟，第一步，掃描房間，並繪製房間的三維地圖；第二步，調出應用中預製的全像圖像，例如明星、政客、演員、動物等，這些人物和動物都能以全像的方式展現在房間中；第三步，用戶還可以 DIY 創作全像內容，當用戶與全像圖互動時，就可以進行全像自拍或拍攝智慧手機影片。

8i 公司透過一個手機應用 Holo，從 VR（虛擬實境）娛樂直接跨越到了 AR（擴增實境）新世界。8i 的公司團隊也很棒，他們目前有六十多名成員，分別來自 YouTube、輝達（NVIDIA）、Google、維爾福軟體公司（Valve Software）、微軟研究學院等知名科技公司。正是憑藉著優秀的團隊和雄厚的技術，讓 8i 公司獲得了風險投資的青睞。

下面簡單介紹一下 8i 公司。

8i 公司於 2014 年成立於紐西蘭，是一家致力於虛擬實境和擴增實境技術的公司。公司創始人包括林肯·加斯金（Linc Gasking）、尤金·德埃隆（Eugene d'Eon）。此後，這家公司開始向美國擴張，並從美國矽谷多家大公司挖來眾多技術人才。

8i 公司的製作工作室看起來與好萊塢的電影工作室沒什麼兩樣。在洛杉磯卡爾弗城 8i 公司的工作室裡，有一系列磚砌建築，走進去讓人彷彿進入了虛擬實境中。在磚砌建築的一角，還擺有換裝的衣櫃架或者隨時可用於拍攝的攝影車。這個地方很像《駭客任務》電影裡的場景，充滿了科技感和神祕感。

在影片《駭客任務》中，一名年輕的網路駭客尼奧發現看似正常的現實世界實際上是由一個名為「母體」的電腦人工智慧系統所控制的。於是，尼奧在一名神祕女郎崔妮蒂的引導下見到了駭客組織的首領墨菲斯，三人走上了抗爭母體的征途。

現在，在 8i 公司裡，由六十多人組成的團隊，正積極尋求一架橋梁，將「娛樂舊世界」與「內容新世界」聯通起來。8i 公司的做法，就是將 VR（虛擬實境）全像影像先存放到手機應用 Holo 中，然後透過手機網路攝影機將全像影像投射到不同的現實環境中，以實現 AR（擴增實境）的新世界。

全像＋ VR ＋ AR ＝核心技術

有團隊、有技術，又有方便體驗的應用場景，所以很多風險投資商都看好 8i 公司。

在 2017 年 2 月 14 日情人節這一天，8i 公司宣布完成了 B 輪融資，獲得了 2700 萬美元資金。8i 公司的 B 輪融資由時代華納投資公司（Time Warner Investments）領投，其他跟投投資者包括赫茲風投（Hearst Ventures）、威訊風投（Verizon Ventures）以及德國商人卡斯滕·馬斯科邁爾（Carsten Maschmeyer）等。

完成 B 輪融資後，8i 公司的融資總額已達 4100 萬美元。此前，在 A 輪融資中，8i 公司已獲得 RRE Ventures、Samsung Ventures、Founders Fund、艾希頓·庫奇（Ashton Kutcher）以及蓋·奧西瑞（Guy Oseary）的資金支援。

有了風投給的大把錢燒，8i 公司不斷招兵買馬，全力打造連通「娛樂舊世界」與「內容新世界」的橋梁，這架橋梁就是「全像技術」。

為了方便讀者理解「全像技術」，我們拿《星際大戰》來舉例說明。在《星際大戰》中，很多場景都是無法在現實世界中找到的，比如飛船大戰、外太空環境等，所以很多畫面就像投影一樣，漂浮在真實世界的空中，飾演絕地戰士的演員就揮舞著光劍在這些場景裡開展科幻冒險之旅。

現在，8i 公司開發的「全像技術」，不再需要專業的設備進行全像投影，利用手機應用 Holo 就能實現「全像投影」。（註：「全像」，也稱「全息」）

手機應用 Holo 裡面預製的這些全像影像是不會死也不會老的，就像《魔鬼終結者：創世契機》裡所展示的天網一樣，它無處不在，無論人類走到哪裡它都能投影出來，干擾和堵截人類，讓人類喪失鬥志。不過，天網擁有獨立意識後，對創造它的人類展開血腥屠殺，而手機應用 Holo 裡預製的這些全像影像目前還沒有獨立意識，對人類來說是安全無害的。

雖然獲得了大量的風險投資，但是 8i 公司也遇到一些棘手的問題。比如，8i 的行動全像圖依然相當粗糙。而且，目前 Holo 只能在支援 Google Tango 的智慧手機上運行，要想讓它普及到其他種類的智慧手機，還有待時日。

未來，8i 公司將繼續發展「全像技術」這架橋梁，以便更快、更便捷、更低廉地連通 VR「娛樂舊世界」與 AR「內容新世界」。

面對未來的多重挑戰，8i 公司的新任執行長史蒂夫·雷蒙德信心十足地說：「在這個行業，最稀缺的資源就是創造性。為此，我們需要更容易創造、成本更低廉的工具，並將它們給予行業內能夠創作絕佳內容的人。」

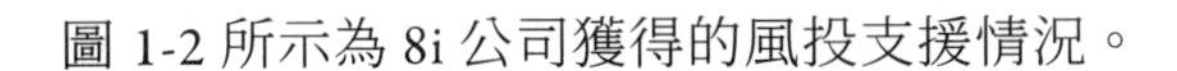
圖 1-2 所示為 8i 公司獲得的風投支援情況。

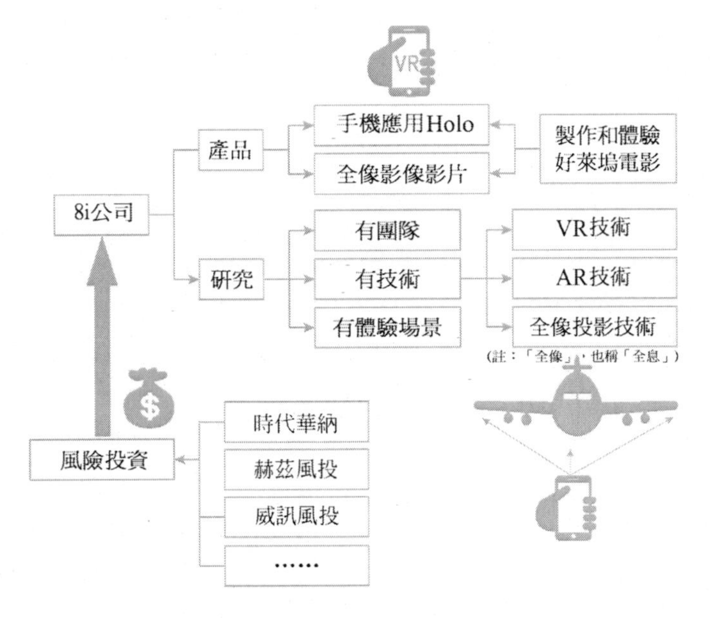

圖 1-2　8i 公司獲得風投的原圖

8i 公司率先將全像投影技術與 VR、AR 結合起來，不僅將促進全像投影技術的商業化並豐富其應用場景，還將促進 VR、AR 內容的豐富。不管是全像投影、AR 還是 VR，都將成為提升虛擬體驗的有力手段。全像投影技術＋ VR、AR 技術將成為引爆 VR 應用場景的導火線，正如蘋果 CEO 庫克所說，AR 不是一種產品，而是一種核心技術。

1.4 群眾募資創業：沒有風投照樣上路

2014 年 1 月的一天，陽光無私地照耀著矽谷的每一個角落，隨處可見的金合歡樹就像一朵朵黃色的雲彩從天上飄落。在金合歡樹的映照下，大大小小的軟體開發公司紛紛在這裡落地生根，創造奇蹟。

祖克柏神遊虛擬世界

這時，有一位身材魁梧、留著烏黑捲髮的年輕人來到了 Facebook 總部。他看到這裡到處都是透明的玻璃，既沒有格子間也沒有私人辦公室，無數的「程式設計師」和「技術控」正三五成群聚在一起辦公。

一位年輕人穿著深色牛仔褲和藍色 T 恤，充滿青春活力，他就是虛擬實境 Oculus Rift 頭盔的發明者帕爾默·拉奇（Palmer Luckey）。

「請問你是拉奇先生嗎？東西帶來沒有？」祖克柏的副手馬上跑出來迎接。

「是的，帶了，一切準備就緒。」拉奇邊說邊望望手中的公文包。

「這邊請！」祖克柏的副手把拉奇領到了 Facebook 首席營運官雪柔·桑德伯格的辦公室。

在那裡，Facebook 的創始人祖克柏和首席營運官雪柔·桑德伯格、首席產品官克里斯·考克斯、首席技術官邁克·施洛普夫等眾多高層，正等著見識拉奇帶來的「貨」。

「各位先生你們好，我帶來這個設備，可以讓你們神遊到另一個世界。就先請祖克柏先生體驗一番吧。」拉奇不慌不忙地拿出 Oculus Rift 虛擬實境頭盔。

Facebook 的各位高層看到，這個 Oculus Rift 虛擬實境頭盔並沒有什麼特別之處，它的機身是一個黑盒子，有著磚塊一樣的尺寸，就像是一副滑雪眼鏡，黑盒子後面還纏繞著雜亂的電線，這些電線連接至一台小型台式機。

「哦，你說的就是這個嗎？」祖克柏略顯失望，臉色變得凝重起來。

「沒錯，就是它，看事物可不能單看外表！」拉奇邊說邊連接設備，準備妥當。

「好吧，來吧，讓我戴上它！」這時，祖克柏小心翼翼地戴上 Oculus Rift 虛擬實境頭盔。

祖克柏的眼睛被這副「滑雪眼鏡」矇住了，臉龐僅顯露出下半部分。Facebook 的各位高層看到祖克柏的臉一下放鬆，一下子繃緊，一下子又露出天真的笑靨，他們面面相覷搞不清楚祖克柏到底看到了什麼。

他們所不知道的是，此時祖克柏雖然身處首席營運官雪柔·桑德伯格的辦公室，但是他的意識已經「神遊」到另一個虛擬世界了。在那裡，祖克柏隻身一人，他先看到眼前有一座雄偉的山間城堡，不時飛來一片片迷霧，而當他想漫遊過去時，才發現漫天飛舞的都是雪花。

祖克柏忍不住四處張望，他發現他眼前的場景也會隨之移動，不論他看向哪裡都能呈現出完整的畫面，就像在環景地圖中一樣。正當祖克柏想用手觸摸雪花時，突然之間，他眼前的場景又變成了噴發著岩漿的火山，祖克柏的雙腳馬上條件反射地向後滑動……

最後，祖克柏取下頭盔，喜不自禁地叫出來：「哇，這實在是太精彩了！」

接著，Facebook 的各位高層紛紛體驗了 Oculus Rift 虛擬實境頭盔，他們對於所看到的虛擬場景都讚嘆不已。

產品的發明與平台群眾募資

Oculus Rift 是一款「其貌不揚但很有沉浸感」的虛擬實境頭盔，下面說說拉奇是怎麼把它發明出來的。

1993 年，拉奇出生在美國西岸加州南部的城市長堤市。拉奇的家庭並不富裕，他沒有像祖克柏一樣上過名校，但是拉奇有股不服輸的鑽研精神。

拉奇的父親是一名汽車銷售員，也是業餘機械師。父親在業餘時間教會了拉奇使用車庫中的各種工具。拉奇是家中其他四個孩子的哥哥，他負責配合母親管好兄弟們。

拉奇的家是一處小型複式房屋，有一個不大不小的車庫。拉奇學習之餘就喜歡在車庫裡擺弄一些電子元件，他從組裝自己的電腦開始，慢慢地去嘗試重裝和改造一些複雜的設備。

有一次，他在使用雷射進行銲接時，不小心燒傷了視網膜，結果造成了一定的視野盲區。不過，拉奇並沒有放棄他的研究，他樂觀地說：「這不是大事。我們的視野中總會存在許多盲區，但大腦會進行彌補。」

拉奇賺錢的方式也很奇特，他在 eBay 上收購損壞的 iPhone，透過一系列的修復後再重新出售給其他人，以此來獲得收入。拉奇有錢之後，開始買高檔電腦玩電腦遊戲。不久後，拉奇的興趣從電腦遊戲轉移到了虛擬實境遊戲上。

為了體驗到「身臨其境」的遊戲世界，拉奇用六塊螢幕搭建了一個遊戲間，玩遊戲的人可以同時看六個方向的場景，這樣自己在遊戲中的視野更開闊。拉奇在玩遊戲的過程中，開始進一步思考，現在遊戲者的周邊有場景了，但頭上和腳下還沒有遊戲場景，該怎麼辦？最後，拉奇想到了最簡單的方法，那就是「蒙上眼睛」就能輕鬆進入虛擬世界。

2012 年 4 月，拉奇在十九歲時，就在自己家的車庫裡發明了 Oculus Rift 的原型機。

拉奇研發出原型機之後，在很長一段時間裡都沒有獲得風險投資。2012 年 8 月，拉奇抱著試一試的態度，在美國紐約的群眾募資網站平台 Kickstarter 網站進行群眾募資（向大眾尋求支援）。

Oculus Rift 是一款「既拿得出手又看得見」的虛擬實境硬體設備。該設備具有兩個目鏡，每個目鏡的分辨率都是 640 像素 ×800 像素，雙眼的視覺合併之後擁有 1280 像素 ×800 像素的分辨率。

在該設備裡面還有由陀螺儀控制的玩家的眼睛視角，用戶戴上它之後幾乎沒有「前方大螢幕」的概念，而直接看到整個遊戲世界，使他們彷彿身臨其境。用戶玩遊戲的沉浸感得到大幅提升，這種「VR+ 電腦」的遊戲方式一舉改變了手把＋電視、鍵盤滑鼠＋電腦的傳統遊戲方式。

正是由於這種革命性的改變，讓這個 VR 硬體首輪群眾募資融資就達到了驚人的 1600 萬美元。拉奇拿到群眾募資得來的錢之後，馬上加緊對產品進行更新換代，一年後，最新版的 Oculus Rift 虛擬實境頭盔推出，全球各地用戶爭相體驗。

拉奇知道 Facebook 的創造人祖克柏十分年輕，對於這些新事情也很感興趣。於是，他就帶著這款產品來到矽谷，並成功吸引了祖克柏親自試用。

祖克柏透過親自試用 Oculus Rift 虛擬實境頭盔後，對自己體驗過的那個虛擬世界念念不忘。於是幾個月之後，祖克柏以二十億美元的價格收購了拉奇公司 Oculus Rift 的所有資產。

圖 1-3 所示為帕爾默·拉奇發明 Oculus Rift 虛擬實境頭盔的前因後果。

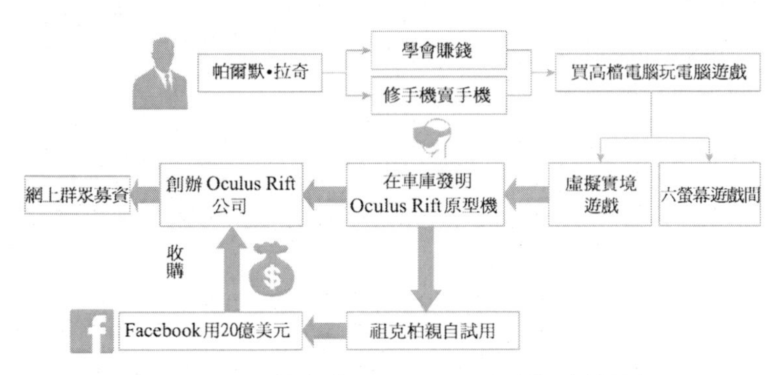

圖 1-3　拉奇發明 Oculus Rift 虛擬實境頭盔

1.5 打破傳統：在虛擬世界中體驗真實感覺

透過虛擬實境技術，新聞能夠提供給人三百六十度場景的報導，讀者可以體驗到身臨其境的感覺。

——《紐約時報》雜誌業務的總編輯　傑克·西爾弗斯坦

2015 年 11 月的一天，夜幕降臨，整個紐約城被強大的燈光點亮、點透，高樓大廈鱗次櫛比、交相輝映，繁華綿延幾百平方公里。在紐約時報廣場，紐約時報總部大樓及其尖頂就像一面旗幟一樣矗立在天地之間，它的玻璃和陶瓷幕牆透出傳奇般的光芒。

這裡是美國紐約市最繁華的街區之一，被稱為「世界的十字路口」。這裡到處都是色彩絢爛的霓虹燈、耀眼斑斕的燈箱廣告以及電視大螢幕的宣傳影片，它們正不斷轟炸著來往行人的視覺神經。街道上亮如白晝，車水馬龍，商人行色匆匆，遊客閒散漫步，藝人竭力賣唱。

上線 VR 影片新聞

在數位化閱讀的時代，紙媒不斷衰落，但是《紐約時報》透過技術創新，守住了自己的新聞陣地。這一次，《紐約時報》要用「虛擬實境」作為武器，實現「絕地反擊」，就在今晚，《紐約時報》的 VR 團隊將要同時上線多個「沉浸式」新影片。

只見一個留著捲髮、長著鷹鉤鼻的編輯走過來焦急地說：「我們已經豪擲出去一百多萬套『Google 紙板』（一款售價為幾十美元的廉價初級虛擬實境設備）了，想讓讀者們體驗虛擬實境新聞報導。可是 VR 影片新聞作品卻總是慢半拍！」

一個精瘦的程式設計師往後靠在滑輪椅上，「咔」的一聲用力敲打著 Enter 鍵說：「馬上就好，馬上就上線！」

這時，這位編輯走過來把 Google 紙板拼成虛擬實境眼鏡，並在兩塊境片的前方塞入一個智慧手機做為播放源，然後用雙手把那個虛擬實境眼鏡罩到自己的眼前。

這位編輯小心翼翼地點擊播放一個名為「The Displaced（被流放的人生）」的影片，只見有一個衣著破爛的小男孩正孤獨無助地站在一間扔滿垃圾的教室裡，不久後他走到黑板前，在上面寫寫畫畫。

這是眾多敘利亞難民兒童中的一個。從 2011 年年初開始，敘利亞政府與敘利亞反對派之間發生沒完沒了的武裝衝突，造成了大量的平民流離失所。

這位編輯一會兒抬頭仰望，一會兒低頭俯視，一會兒又三百六十度轉圈掃視，好像進入了另外一個世界。在他的眼前展示的是三百六十度的環景教室。他看到頭頂的天花板上搖搖欲墜的燈，周圍有著破窗的牆壁，黑板前是破爛的桌椅和那個認真學習的小男孩。在寫寫畫畫的過程中，那個小男孩不時回頭看看周邊的環境，他的眼中充滿了警覺和恐懼，這位編輯被深深觸動了。

接下來，這位編輯又點擊播放了另一個影片——「Real Memories（真實的記憶）」。這時出現了一部車的內部環境，前排坐著司機和主角馬克思。馬克思要坐車去尋找過去的時光，好像是懸疑片所表現的那樣：一個失憶的病人去重新找回自我的世界。

那位編輯偏頭向副駕位置望去，看到馬克思的側臉，他穿著綠色的風衣，鬍子未刮、頭髮未梳，正若有所思地望著自己以前的帥氣照片。

這時車開動了，車窗外面的景象開始往後退。編輯 180 度向後轉身，透過車後的窗戶看到了外面的街道，抬頭向上望，透過天窗，竟然可以看到路邊的高樓大廈。

這個影片的每一秒內，不論編輯從哪個角度看，都可以環景觀看這一時刻三百六十度的空間畫面。很快，他就跟著馬克思來到一個房間，裡面擺放著書架、沙發等各種家具。這個房間好像就是馬克思以前住過的地方，他左顧右盼，看到了房間的所有角落，並且還特別進房間裡走了兩步，以便清楚地看到更多細節。

當這位編輯體驗完之後，高興地說：「不錯，希望我們的讀者都能看到這些。」

程式設計師笑逐顏開地說：「是呀，紐約人會喜歡這種創新的閱讀方式的。」

打破傳統的文字表達

在紐約時報總部大樓裡，編輯人員和程式設計師正在研發的這種 VR 影片新聞，打破了傳統的紙媒新聞模式，為世界開啟了「沉浸式」新聞時代。

2015 年 11 月《紐約時報》正式上架了虛擬實境新聞客戶端 NYT VR，為讀者提供「沉浸式」影片，《紐約時報》還特意打出誘人的廣告：「看新聞影片比 3D 電影還過癮！」

《紐約時報》雜誌業務的總編輯傑克·西爾弗斯坦（Jake Silverstein）激動地說：「透過虛擬實境技術，新聞能夠提供給人三百六十度場景的報導，讀者可以體驗到身臨其境的感覺。這種報導方式特別適合某類內容，比如有關難民的報導，利用新技術可以引發讀者的同情和關注。」

讀者怎麼觀看《紐約時報》的 VR 影片新聞呢？讀者只要用智慧手機，在 APP Store 裡搜尋 NYT VR，就可輕鬆找到這款應用。NYT VR 手機應用支援安卓系統，很多智慧手機都可以下載使用。

用戶下載 NYT VR 的時候，有兩種選擇，一是「Google 卡板」模式，適用於擁有 Google 眼鏡的用戶體驗擴增實境效果；另一種是「智慧手機」模式，沒有眼鏡的用戶也可以用手機瀏覽影片。

《紐約時報》的這種變革可以說來得太及時了！《紐約時報》作為時報廣場的旗幟和改革風向標從來沒有辜負人們對它的期待，紐約時報集團總部大樓及其尖頂可以說是美國報業的定海神針，他們正利用虛擬實境技術迎擊經濟危機和報業危機。

隨著數位化和網路化的發展，傳統的報業難以支撐龐大的印刷廣告和採編發成本，最後債務壓身，不得不申請破產，尋找買家接盤。2011 年 9 月美國《新聞紀錄報》公司被迫申請破產。在血淋淋的行業危機面前，《紐約時報》不甘心被時代的洪流甩到岸邊，他們開始透過研發虛擬實境加新聞的模式，走在變革的前沿。

當時，《紐約時報》這個老牌媒體大膽地做出一個嘗試：

用虛擬實境技術來「報導」新聞。一開始，紐約人都以為這是一個宣傳噱頭，並不買帳，還是繼續在手機上、網路上看新聞，就是不訂報紙。

後來，《紐約時報》透過一些活動邀請民眾體驗他們的 VR 影片新聞，同時無償向讀者派送一百多萬套「Google 紙板」，以方便人們體驗《紐約時報》的 VR 新聞。

紐約民眾在體驗了 VR 影片新聞之後，馬上改變了對《紐約時報》的態度，由不屑一顧變為關注與傳播。讀者驚奇地發現用一個智慧手機再加上一個廉價的虛擬實境眼鏡，就能進入到新聞現場。讀者被置於新聞場景裡，可以近距離看到新聞的主角，看著周圍的人，還聽到三百六十度的環繞立體聲。

在讀者體驗活動獲得成功之後，《紐約時報》開始馬不停蹄地開發一系列的 VR 影片新聞。

用戶透過這些 VR 影片新聞，可以看到巴黎恐怖襲擊案發生後人們悲傷的表情，還可以看到美國墨西哥邊境的黃土漫天，也可以看到人們對唐納·川普的熱情。這一切都是用戶用自己的眼睛在看，用自己的耳朵在聽，正所謂「眼見為實」「耳聽八方」。

2015 年 11 月 13 日晚，在法國巴黎市發生了一系列恐怖襲擊事件，造成至少一百三十二人死亡。塞巴斯蒂安·多米奇（Sabestina Tomich）是紐約時報負責廣告和創新的副總裁，在巴黎恐怖襲擊發生後的第二天，塞巴斯蒂安就去拍攝了虛擬實境影片，包括人們怎麼悼念遇難者，巴黎市民怎麼度過恐慌期等。

接著，紐約時報花五天時間來對這段影片編輯加工，製作成 VR 影片新聞，然後發到用戶的智慧手機上供用戶點擊播放。事實證明效果非常好，關注的讀者越來越多。塞巴斯蒂安說：「用虛擬實境的方式處理突發新聞也有很多優勢。從創造在現場的感覺來說，它比照片、影片效果都要好。當虛擬實境可以輕鬆把人帶到那個環境裡，為什麼我還要那麼痛苦地用文字描述那些場景？」

2016 年 11 月，美國七十歲的商人川普當選美國總統，殺進了白宮，一舉打破華府精英政治的鐵律。在川普的選舉過程中，《紐約時報》做了大量的 VR 影片新聞，以調查民情。

《紐約時報》的編輯薩姆·多尼克說：「當戴上頭盔的一剎那，你就站在了現場。比如報導選舉，我們不會去把重點放在那些候選人身上，而是放在台下的人群中，讓你了解站在人群中是什麼感覺，看到是什麼人在為川普歡呼。當你清楚地看到身邊一個懷抱孩子的母親臉上狂熱的神情，你就會知道川普一定會贏得提名。」

圖 1-4 所示為《紐約時報》開啟 VR 新聞示意圖。

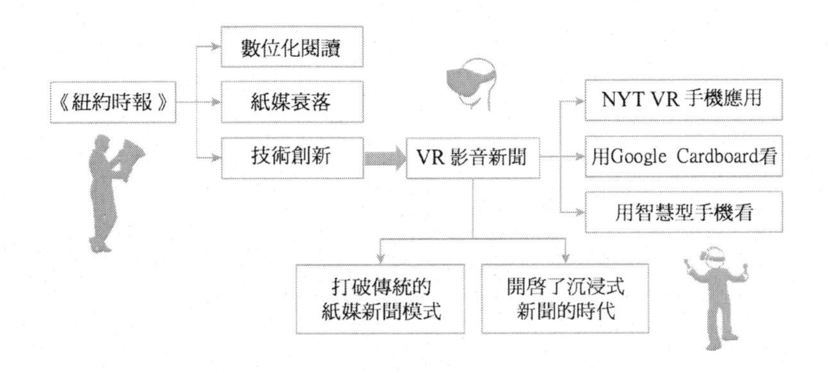

圖 1-4　《紐約時報》開啟 VR 新聞

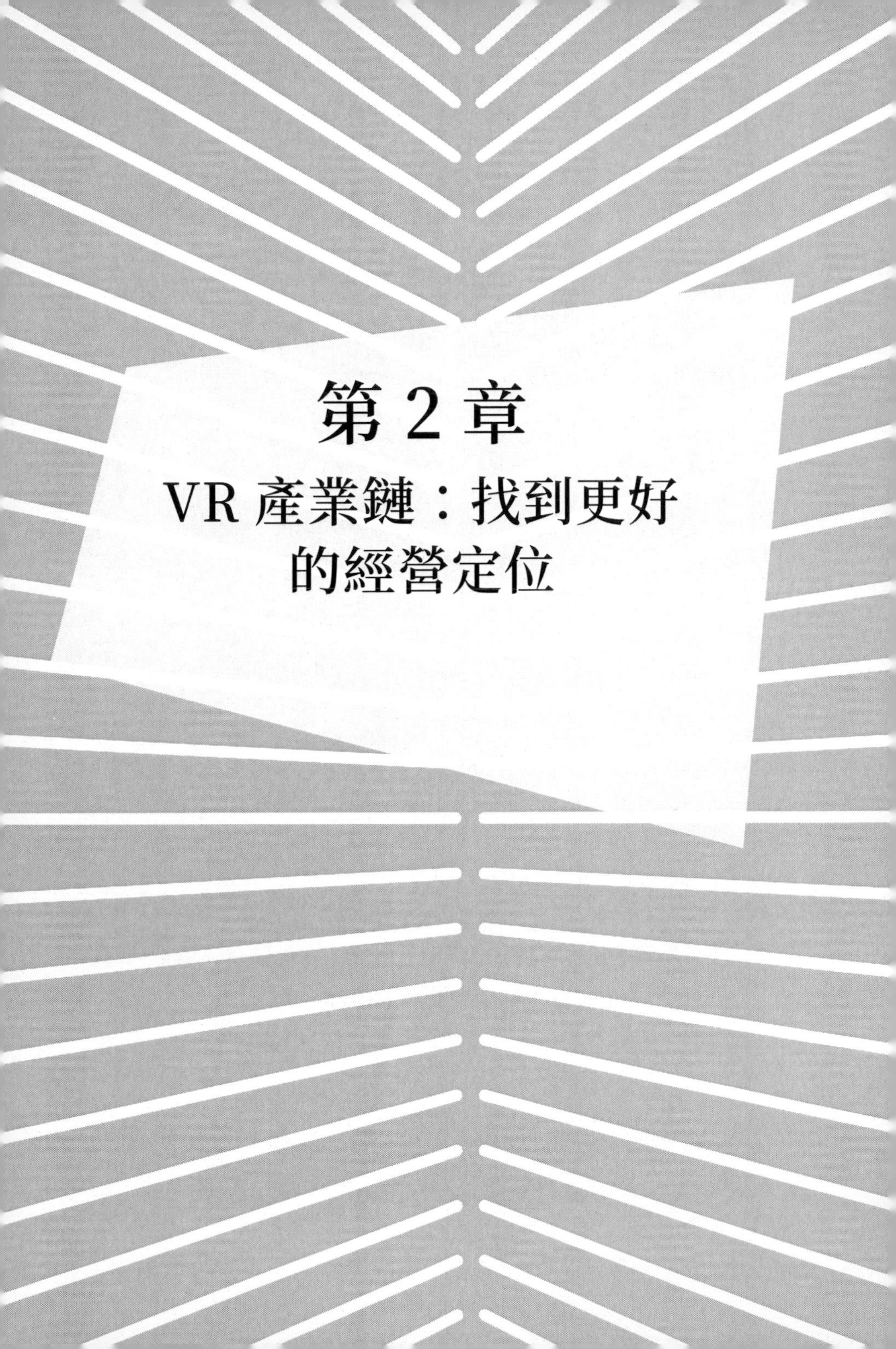

第 2 章

VR 產業鏈：找到更好的經營定位

2.1

VR 硬體製造：兼容三大核心技術

老實說，我們不知道將會有怎樣的需求，就突破而言，SONY 頭戴顯示器是自家用電視遊戲機以來跨越最大的傑作。

——SONY 遊戲掌門人　吉田

2016 年 7 月的一天，第十四屆 ChinaJoy 遊戲展舉行，各種數位互動娛樂項目輪番登場，漂亮的 Showgirl 為商家做各種各樣的產品展示和表演，讓人眼花繚亂……

VR 玩法＋ TV 玩法

在展覽會上 SONY 公司展出了 SONY 虛擬實境頭戴式顯示器（簡稱 SONY 頭顯，英文縮寫為 PS VR），它吸引了眾多玩家前來排隊體驗。有玩家經過排隊苦熬幾個小時之後，終於輪到體驗的機會了。

玩家來到一個大螢幕前，把 SONY 頭顯戴到自己的頭上，發現 SONY 頭顯佩戴感舒適，沒有沉重或者是夾頭的感覺。

玩家在設備右邊底部的按鈕處按幾下之後就可以拉伸頭顯，從而調整雙眼到鏡片的距離，讓自己的眼睛看得更加舒服一些。

很快，大螢幕上展示玩家已經來到一個名叫《潛入深海》的虛擬實境環境中，被置於潛水裝置中在海底世界遊覽。玩家看到，隨著自己在海底的潛行，海龜迎面游來，水母與自己擦肩而過。突然，不知從哪裡游來一隻兇猛的鯊魚，只見鯊魚目露凶光，張開血盆大口朝玩家衝過來。玩家條件反射般地側身躲避，窮凶極惡的鯊魚來回不斷啃咬玩家的潛水裝置，由此引發強烈的振動感。當鯊魚從後面突然襲來時，著實把玩家嚇了一跳，還以為自己要葬身魚腹了呢。

玩家在體驗《潛入深海》之後，馬上進入到《The PlayRoom VR》的遊戲環節。頭戴 SONY 頭顯的玩家扮演大怪獸，而手握家用遊戲機手把看著電視螢幕的其他玩家則扮演小人（最多支援四人）。

玩家扮演的怪獸要去追趕這些小人，怪獸透過扭頭的動作撞擊各種物體讓碎塊砸向小人。而小人首先要逃跑躲開碎塊，然後再進行反擊，向怪獸投擲各種道具。

這就是 SONY 頭顯帶來的新穎遊戲體驗。玩家戴上頭顯之後，就被三百六十度的畫面全方位包圍，具有真實的臨場感，如同玩家進入了真實的遊戲世界。同時，玩家戴上頭顯後，還可以跟朋友一起玩，而不是把朋友晾在一邊。其他不帶頭顯的玩家可以手持家用遊戲機手把，控制螢幕裡的人物，展開多人對戰 VR 遊戲。

目前，The Playroom VR 包含多個不同的虛擬實境遊戲，專為家庭娛樂和朋友聚會設計。該遊戲最大的特色就是 VR 的玩法和傳統的 TV 玩法相結合。

這樣的開發理念到底是怎麼來的呢，下面說一說 SONY 頭顯的開發過程。

一開始，SONY 的開發團隊有一部分人提出反對意見：「要開發一個讓親人或者朋友齊聚一堂，分享同一份歡樂的 VR 遊戲是一個不可能的任務。因為當 VR 玩家一旦沉浸在虛擬世界中，他便與現實世界隔離了。」

另一部分開發人員則積極尋找突破點：「虛擬世界和現實世界不應該是隔離的，而是要連在一起的，這樣玩家才能玩得更加盡興。要不然玩家一個人戴著頭顯手足舞蹈地玩，旁邊的朋友還以為他是一個傻子、精神病、多動症患者。」

經過一系列研發，SONY 的開發團隊終於找到突破點，有工程師提出：「如果 PS4 連接電視的畫面可以融合到 VR 中的話，那麼虛擬世界和真實世界的連接難題將會迎刃而解。」

說白了，就是在同一個遊戲環境裡，有部分玩家使用 VR

玩法，而另一部分玩家使用傳統的 TV 玩法。根據這個創意，SONY 開發團隊的第一步是利用 SONY 掌上遊戲機（PS Vita）的開發工具包，透過遙感控制（Remote Play）功能連接到 SONY 的家用遊戲機，然後載入同一款遊戲。當一個畫面傳輸到 SONY 頭顯時，另一個視角畫面則傳輸到掌上遊戲機，然後再把掌上遊戲機連接到電視上。

第二步是創建一個簡單的頭部模型來匹配 SONY 頭顯玩家的頭部運動。當戴頭顯的玩家做頭部運動如環顧四周等動作時，其他人也能在電視螢幕上看到。

第三步是加入一些可以使用 SONY 無線遊戲手把（Dualshock 4）控制的遊戲小角色。

就這樣，SONY 的開發團隊成功開發了允許五個玩家同時參與遊戲的虛擬實境環境。不過，玩家要想約朋友一起玩 SONY 的頭顯，還需要騰出一定的遊戲空間。

根據一份 SONY 頭顯的使用手冊，要暢玩 SONY 頭顯需要騰出一片長方形的區域。整個區域長 3 公尺，寬 1.9 公尺，總面積就是 5.7 平方公尺。玩家要想享受 SONY 頭顯帶來的樂趣，一個 6 平方公尺的空間是必需的。

在性能方面，SONY 頭顯採用了 5.7 英吋的 OLED 螢幕。OLED 螢幕又稱為有機電雷射顯示螢幕，與液晶顯示（LCD）採用不同類型的發光原理。OLED 顯示技術具有自發光、廣視角、幾乎無窮高的對比度、較低耗電、極高反應速度等優點。

SONY 頭顯的分辨率為 1920×1080 像素、刷新率為 120Hz、視野約 100 度；內置了加速度計、陀螺儀、位置追蹤功能；此外還有九個 LED 指示燈、立體聲音頻以及 HDMI 和 USB 介面。玩家戴在頭上既美觀又有炫酷科幻感。

圖 2-1 所示為 PS VR 頭顯的核心技術及遊戲玩法示意圖。

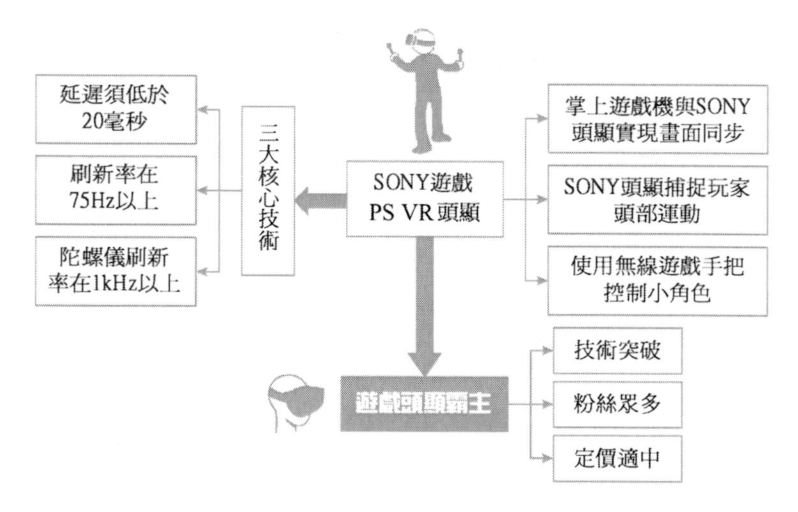

圖 2-1　SONY 開發的遊戲 PS VR 頭顯

VR 行業的遊戲規則

從 SONY 頭顯展示出來的性能得知，VR 硬體製造至少需要兼容三大核心技術。

2016 年底，Google、HTC、三星、SONY、Oculus 和宏碁等六家公司宣布成立全球虛擬實境協會（Global Virtual Reality Association，GVRA）。該協會的任務就是制定「全球 VR 技術標準」，讓更多的 VR 硬體和軟體實現兼容。

同時，全球虛擬實境協會首次明確了 VR 產品三大關鍵技術標準——低於 20ms 延時、75Hz 以上的刷新率及 1kHz 以上的陀螺儀刷新率，這將成為 VR 行業的遊戲規則。這三大關鍵技術主要為解決虛擬實境的眩暈感。

先說延時。有研究表明人類頭動和視野回傳的延時須低於 20ms，否則將產生視覺拖影感從而導致強烈眩暈感。

VR 中的「延時」指的是從用戶運動開始到相應畫面顯示在螢幕上所花的時間。這中間大致經過這幾個步驟：感測器採集運動輸入數據；採集到的數據經過過濾並透過線纜傳輸到主機；遊戲引擎根據獲取的輸入數據更新邏輯和渲染視口；提交到驅動並由驅動發送到顯示卡進行渲染；把渲染的結果提交到螢幕，像素進行顏色的切換；用戶在螢幕上看到相應的畫面。

延時越短虛擬實境體驗越好，延時越長虛擬實境體驗越差。

再說刷新率。刷新率越高 VR 延時越小，螢幕的閃爍感以及延時也會得到相應改善，用戶的虛擬實境體驗也越好。如果頭顯採用低於 60Hz 的刷新率，則螢幕不僅在延時方面無法提升，用戶體驗也極為糟糕且眩暈感強烈，被業內定義為缺陷級VR產品。當前刷新率在75～90Hz區間的VR設備為入門級標準指標，高於90Hz的VR設備為中級VR產品。

最後說1kHz以上的陀螺儀刷新率。陀螺儀是來用來定位的，刷新率越高說明用戶在虛擬實境環境裡的定位就越準確，各種動作的模擬就更加到位。

可以說，哪個廠商最先解決這三大核心技術問題，他就可以在VR行業中呼風喚雨。SONY公司就是這麼做的。

雖然SONY公司在2016年下半年才推出虛擬實境頭顯（PS VR），但是以其優異的性能，迅速成為VR頭顯市場的領導者，它毫無懸念地占據了整個頭顯市場三分之一的份額。其餘市場份額被其他VR廠商瓜分，包括Facebook（Oculus）、Google（包括Daydream、Cardboard和Tilt Brush等），還有三星的行動VR（Gear VR）和HTC的高檔設備Vive等。

在遊戲頭顯領域，SONY之所以能做到霸主地位，一是技術突破，二是遊戲粉絲眾多，三是定價適中。

SONY頭顯設計時尚，性能超群，所以很容易俘獲遊戲用戶的心。另外，SONY在全球還有4000萬～5000萬家用遊戲機用戶，SONY團隊開發的虛擬實境頭顯，定位也十分清晰，就是將家用遊戲機升級為VR遊戲機。

SONY 公司透過不斷研發，與時俱進地破解了 VR 的核心技術，將家用遊戲機升級為 VR 遊戲機，持續滿足了全球遊戲用戶的需求，最終也實現了自己的頭顯領域霸主地位。可見，哪個廠商能給普通用戶提供更低成本、更加時尚的虛擬實境技術，哪個廠商就是市場競爭的最大贏家。正如 SONY 遊戲掌門人吉田所言，有技術突破就有市場，未來，每個人都將憑藉一種或另一種方式使用虛擬實境技術。

2.2 軟體開發：無縫拼接環景影片畫面

我們認為，GoPro 在虛擬實境運動中擁有引領趨勢的絕佳機會。由於 GoPro 已經得到廣泛使用，很多用戶都用它來透過有沉浸感的方式記錄生活體驗。所以，我們順應這一趨勢繼續發展是完全合乎情理的！

——GoPro 的執行長　尼克·伍德曼

2015 年 4 月的一天，法國東南部薩瓦省一片欣欣向榮，東部山區的牛羊正悠然自得地吃著青草，山區峽谷裡的阿爾卑斯公路暢通無阻。在法國 Kolor 虛擬實境軟體公司裡，有的程式設計師正在研究升級、優化「球形內容」的編輯工具，有的程式設計師工作累了，走出辦公室喝杯咖啡，或者抽菸和同事聊天。

環景影片硬體＋軟體

這時一位衣著華麗的高層興高采烈地跑進來，他邊跑邊說：「簽了，簽了，買家簽了！賣了，賣了，全賣了！」

程式設計師們面面相覷，不知道是怎麼回事。有個程式設計師掐掉手中菸頭問道：「什麼簽了，賣了？」

那個高層馬上跑過去，親吻那個程式設計師的面頰，然後鄭重其事地說：「美國運動相機製造商 GoPro 剛剛宣布收購我們公司了。」

那個程式設計師高興得與高層擁抱起來，說：「太好了，這是我聽過的最好的消息。不過，我們要搬去美國工作嗎？」

高層眉飛色舞地說：「我們不用去美國。上面都談好了，雖然我們 Kolor 公司的員工都加入 GoPro，但是我們仍將繼續留在法國薩瓦工作。我們就在這裡，接著做就是了。」

這位高層所說的收購，就是 2015 年 4 月 29 日，美國運動相機製造商 GoPro 收購法國虛擬實境軟體公司 Kolor 的事件。

一個是美國運動相機製造商，一個是法國虛擬實境軟體公司，二者之間因為「球形內容」（環景拍攝）走到了一起。

法國 Kolor 公司是一家 VR 軟體公司，他們開發的環景影片縫合製作軟體，可以將多個照片、影片合成三百六十度環景照片、影片，他們稱之為「球形內容」。這些工具軟體包括 Kolor Eyes 和 Kolor Autopano Giga。

在這裡簡單介紹一下法國 Kolor 公司開發的這兩款環景製作軟體。

先說 Kolor Eyes 軟體。它是一款免費的環景影片播放器，用戶可以免費下載使用，可以進行三百六十度環景影片播放。用戶在播放時用滑鼠拖動畫面即可調整視角，從不同的角度欣賞影片。即使是普通影片，也能播放出三百六十度環景影片的效果，只是效果稍微差點。

再說 Kolor Autopano Giga 軟體。這是一款超強的三百六十度環景圖製作軟體，它可以快速製作出高品質的三百六十度環景效果的照片，其縫合的原理是透過將多張照片進行無縫合成，透過專業處理達到環景效果。

環景拍攝效果得來不易，傳統的拍攝設備基本採用「傳統相機＋套件」的方式作為環景拍攝的解決方案，但是在電腦內無法完成實時縫合。正是因為如此，法國 Kolor 公司推出的環景影片縫合製作軟體，正好擊中了市場的痛點，可以方便地為用戶製作三百六十度的「球形內容」。不論是照片還是影片，在環景製作軟體那裡都能實現三百六十度的環景縫合、拼接與輸出。

法國 Kolor 公司與美 GoPro 公司隔著大西洋，原本是八竿子打不著，但凡事總有機緣。

GoPro 是美國運動相機廠商，他們發明的 GoPro 的相機廣泛應用於衝浪、滑雪、極限腳踏車及跳傘等極限運動的拍攝，因而 GoPro 也幾乎成為「極限運動專用相機」的代名詞。隨著

VR 市場不斷升溫，GoPro 也想盡快推出虛擬實境相機。

雖然 GoPro 擅長做硬體，但是不擅長做軟體。於是，美國 GoPro 廠商只能捨近求遠，跨越大西洋全資收購法國 Kolor 公司。兩者合二為一後，環景影片的硬體和軟體完美地結合起來，兼容度獲得充分提高。用戶用 GoPro 的 VR 相機進行環景拍攝照片、影片，然後應用 Kolor 環景製作軟體處理環景照片和環景影片，這樣創作效率更高，創作效果更好。

對於兩家公司的結合，GoPro 公司的 CEO 尼克·伍德曼（Nick Woodman）分析說：「我們認為，GoPro 在虛擬實境運動中擁有引領趨勢的絕佳機會。由於 GoPro 已經得到廣泛使用，很多用戶都用它來透過有沉浸感的方式記錄生活體驗。所以，我們順應這一趨勢繼續發展是完全合乎情理的！」

美國 GoPro 公司在收購法國 Kolor 公司一年後，於 2016 年 4 月成功推出了一款新的虛擬實境相機——Omini VR 網路攝影機。這款設備共配有六台 Hero4 同步相機，以球形陣列排列，可以拍攝 8K 高清影片，售價為五千美元。可以說，這樣高的定價讓大部分業餘愛好者們消費不起。

環景拍攝遇到新對手

下面我們一起來體驗一下 Omini VR 網路攝影機環景拍攝的效果。在一個摩托車賽場，攝像師裝好了 Omini VR 網路攝影機，賽車手穿好防護服，戴好頭盔、手套，騎上一輛摩托車。

只見摩托車引擎「嘟嘟」響起，螢幕上展示出一輛摩托車頭開始向前推進，旁邊的景物迅速向後退去。接著，賽車手要加速了，摩托車後面的排氣管噴出火來，摩托車像火箭一樣飛出去。

賽車手提起車頭做出了一系列高難度的動作。在影片播放的過程中，體驗者可以用滑鼠拖動畫面調整觀看視角，從不同的角度欣賞賽車手的表演，什麼近觀、遠眺、高空鳥瞰、路面仰視等都不是問題。

賽車手再次加油讓摩托車噴火衝出去，接著又提起車頭，只剩後輪著地，做出各種肢體動作。突然，摩托車失控，賽車手狠狠地摔到地上，發出痛苦的呻吟聲。

「哎喲……哎喲……」賽車手一邊痛苦呻吟，一邊走向車庫尋求幫助。觀看影片的體驗者可以用滑鼠拖動畫面抬頭看藍天白雲，低頭看灰色路面，還可以遠眺不遠處的車庫和趕來的救援人員等。看影片的體驗者，會感覺到自己就是那位受傷的賽車手一樣。

在車庫裡，賽車手接受了簡單的治療，同事先用酒精給他的皮外傷消毒，然後幫他包上止血繃帶。處理完畢之後，賽車手又騎上摩托車出發。

只聽「嘟嘟嘟」一串清脆的引擎聲，賽車手已飛速離去。這次賽車手要小心很多，只見到把雙腳放到前面的把手中間，進行高難度表演。緊接著，他又在賽道中間進行三百六十度的急轉，摩托車引擎轟鳴著冒出滾滾濃煙……

接下來，賽車手騎著摩托車坐電梯來到頂樓，繼續進行高難度表演，他一會兒凌空飛躍，一會兒旋轉，一會兒急行，一會兒急剎。最後，賽車手才把摩托車騎回車庫檢修，表演圓滿結束。

在整個環景影片播放過程中，體驗者可以從任意一個角度看賽車手的表演，用戶就像上帝一樣，既可以從雲端欣賞賽車手在彎道一氣呵成的表演，也可以從賽車手自己的角度看表演，以觀察到更多的細節。

雖然 GoPro 推出的 Omini VR 相機具有環景拍攝的功能，但是由於定價比較高，銷量還是受到了影響。GoPro 長久以來在相機的高價格和低銷量狀況下掙扎，現在想透過虛擬實境環景相機實現逆襲，但是據市場反應的情況並不樂觀——它遇到一個強勁的對手 Facebook。

2016 年 4 月，Facebook 在年度開發者大會（F8）上發布了一款三百六十度環景攝影機產品 Surround 360，該產品售價三萬美元，是 Omini VR 定價的六倍。Facebook 玩起了高級環景拍攝飛碟。

Facebook 推出的 Surround 360 外形如飛碟，由十七個網路攝影機構成，其中包括十四部廣角網路攝影機圍成的圓盤，還有頂部一個魚眼網路攝影機以及底部兩個網路攝影機，配有基於網路的軟體，最高可拍攝 8K 像素的影片。在 F8 現場短暫的展示中，Surround 360 環景攝影機抓拍的影片十分清晰，幾乎沒有任何缺陷。這款設備能夠連續工作而不會出現過熱現象。

相比之下，在價格上，GoPro 推出的 Omini VR 相機並不是最高的；在性能方面，Omini VR 相機比 Surround 360 要差一個等級，因為 Surround 360 裝備的十七個網路攝影機徹底碾壓了 Omini VR 裝備的六台運動相機。看來，拯救 OmniVR 相機的，只有粉絲的忠誠度，而粉絲的忠誠度在關鍵時刻，往往是靠不住的。

圖 2-2 所示為環景影片的硬體與軟體產品。

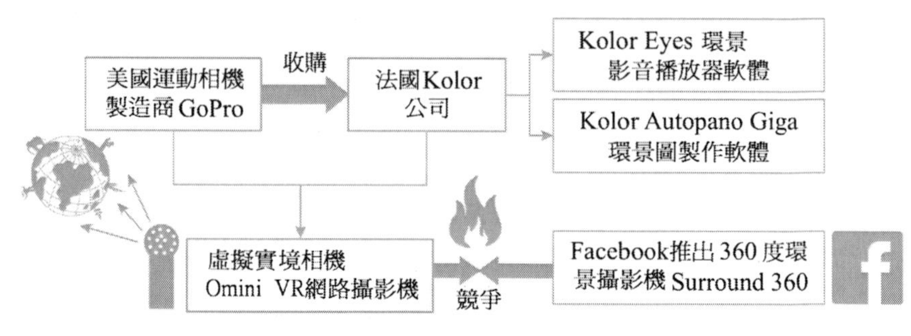

圖 2-2　環景影片的硬體與軟體

2.3 平台合作：廠商抱團發力 VR 平台

2016 年 5 月 19 日凌晨，在加利福尼亞山景城 Google 總部，一年一度的 GoogleI/O 開發者大會正在召開，從各地趕來的廠商、開發者、科技迷等賓客絡繹不絕。

人們來到 Google 總部，第一印象就是科技感超強。在 Google 的研發大樓上面印著巨大的綠色 Android 機器人，而在大樓的前面站立著 Android 最新版本 KitKat 的塑像，它正睜大眼睛關注著這個新奇的世界。此外，還有幾隻著名的 Google 恐龍雕像正躲在樹下向人們述說自己悲慘的過去。

Google 創始人將巨大的恐龍化石安放到園區中，就是為提醒員工們要隨時保持創新精神，千萬不要把公司發展成反應遲鈍的「恐龍企業」。現在，面對 VR 產業的驟然興起，Google 開始展示出它強大的科技力量和反應速度。

Google 白日夢 VR 平台

在本次開發者大會上，Google 給大家帶來了一份巨大的驚喜——Google 的白日夢 VR 平台。

在華麗的舞台上，在大螢幕之前，在眾目睽睽之下，GoogleVR 項目副總裁克雷·巴沃爾（Clay Bavor）穩步走上講台。

雖然是凌晨召開這個開發者大會，但是克雷毫無倦意，他戴著黑框眼鏡，穿著灰色的上衣和藍色的牛仔褲，顯得意氣風發、躊躇滿志。克雷掃了台下一眼，眾賓客馬上安靜下來，共同靜待一個科技新時代的到來。

這時大螢幕亮起，打出大大的 Daydream 字符，克雷兩眼放光，攤開兩手介紹說：「從 Google 發布谷歌卡板（Card Board，體驗虛擬實境眼鏡）產品之後，全球類卡板產品超過一百萬，基於衍生版卡板應用安裝次數超過五千萬次。但是，用戶用紙板或者簡單材質做出的眼鏡，去體驗 VR，其效果是有限的，像幀率、分辨率等問題使用戶難以獲得沉浸感。」

因此，Google 推出了 VR 平台——白日夢（Daydream）。在我們最新發布的全新智慧作業系統 Android N 中，我們針對智慧手機的性能做了優化，可以解決視覺、圖像模糊等問題。同時，我們還增加 VR 模式。有了白日夢 VR 平台，全球各地的廠商，都可以進行二次開發，不斷提升 VR 硬體和軟體的性能，最大限度地減少延遲，讓用戶進行 VR 體驗時，能感到更好的舒適感和沉浸感。」

聽完克雷的發布，眾多賓客沸騰了，熱烈鼓起掌來。

Google 推出的白日夢 VR 平台，就像當年 Google 推出安卓作業系統（Android）一樣，再次讓世界震驚了。安卓作業系統是一種基於 Linux 的自由及開放原始碼的作業系統，主要用於行動設備，如智慧手機和平板電腦。由於安卓作業系統具有很好的開放性，所以全球眾多廠商都可以在自己的設備上安裝，並且進行一些個性化開發。

現在，Google 推出了白日夢 VR 平台，同樣也是打開放性的合作牌。

在硬體合作方面，Google 白日夢 VR 平台基於智慧手機在感測器、顯示、晶片等三個方面選擇手機合作廠商，目前已經與三星、HTC、LG、華碩等手機廠商達成合作。

在內容合作方面，Google 白日夢 VR 平台與 WSJ、USA Today、CNN、HBO、Netfl ix、NBA、IMAX、hulu 等十一家內容商達成了合作，引入合作方的內容，包括影視、直播、體育、遊戲等 VR 內容。

在遊戲合作方面，Google 白日夢 VR 平台與 EA、OtherSide、育碧等十家遊戲廠商達成了合作。

可見，最大限度地整合上下游資源，化敵為友、共贏共生，就是 Google 白日夢 VR 平台的發展思路。除了與全球硬體廠商、內容提供商、遊戲製作商展開積極合作之外，Google 白日夢 VR 平台還開發了虛擬影院、街景 APP、VR Photo APP

等應用，並打通 YouTube 平台（世界上最大的影片網站）。用戶可以上傳和分享自己製作的 VR 內容。

目前，Google 已經把自己最新研發的語音搜尋技術加入到白日夢 VR 平台中，消除多國語言溝通的障礙。Google 的語音搜尋技術已經能夠非常智慧地識別數十個國家的語言，並且能夠及時準確地與用戶進行互動。用戶登錄白日夢 VR 平台後，只要用自己的母語說一句話，白日夢 VR 平台就會搜尋出相關的 VR 內容訊息。

由於 VR 平台對硬體的性能要求很高，所以用戶要想體驗 Google 的白日夢 VR 平台，必須對自己的智慧手機進行一些必要的升級。Google 的白日夢 VR 平台是由智慧手機、頭戴設備及控製器，以及應用三大部分組成。對於要使用白日夢 VR 平台的智慧手機，Google 也是有標準要求的。

Google 要求，智慧手機的感測器、螢幕分辨率應該達到 2Kdpi，也就是說智慧手機的橫向像素要達到 2000 以上，主流智慧手機 2Kdpi 分辨率為 2560×1440 像素。Google 的白日夢 VR 平台對智慧手機系統晶片（Soc）的要求也比較高，以保證能把畫面延遲控制在 20ms 以下。另外，用戶的智慧手機也需要升級安裝 Android N 才能更好地體驗 VR 內容。

由此可見，Google 白日夢 VR 平台對於智慧手機性能的苛刻要求，勢必掀起新一輪硬體升級換代的新浪潮！

圖 2-3 所示為 Google 的白日夢 VR 平台示意圖。

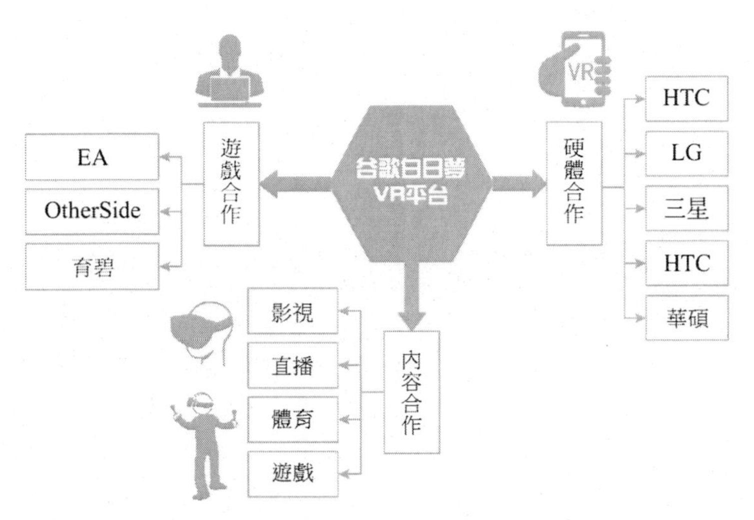

圖 2-3　Google 白日夢 VR 平台

2.4
內容製作：用 VR 攝影機拍攝優質內容

VR 還處在早期階段，我們需要讓最終用戶真正去體驗 VR。

——Jaunt 公司創始人、首席技術官　亞瑟·范霍夫

火炮齊鳴、煙霧瀰漫，二戰進入了最艱難的僵持階段，英軍和德軍正在展開激烈的戰壕戰。德軍主帥右手一揮，那些法西斯分子就頂著英軍大砲穿越一道道火線，徑直殺入英軍戰壕，展開大規模肉搏戰。一時間，兩軍將士混戰在一起，有的用機槍掃射，有的用刺刀對刺，有的搏鬥撕咬，還有的拉響炸彈與對方同歸於盡。

這就是好萊塢二十四個鏡頭拍攝 VR 大片的片場。觀眾在觀看 VR 戰爭片時，可以拖動滑鼠自己調節到任意一個角度觀看戰鬥的場面——既能以將帥的視角觀看，也能以普通士兵的視角觀看，既可以到戰場上空查看整個戰局，也可以深入戰壕看士兵們換彈夾。這一切都要歸功於 Jaunt 公司發明的 Jaunt ONE 這款專業電影級 VR 攝影機。

電影級 VR 攝影機

Jaunt ONE 這款 VR 攝影機就像一個黑色的南瓜球，在球的周圍和上下安裝有二十四個鏡頭，用於進行三百六十度的 VR 拍攝。

2013 年，Juant 公司在美國加利福尼亞州帕洛阿爾托成立，它集硬體、軟體、工具、應用開發及內容生產於一身，以提供 VR 影片拍攝和處理服務為主要業務。專業 VR 攝影機 Jaunt ONE 是其核心產品。

當時，大量的創業公司湧入 VR 遊戲領域，製作出各種各樣的虛擬實境硬體。這些硬體包括建模設備（如三維掃描儀）、三維視覺顯示設備（如三維展示系統、大型投影系統）、頭顯（頭戴式立體顯示器等）、聲音設備（三維的聲音系統）、互動設備（包括位置追蹤儀、數據手套、三維輸入設備、動作捕捉設備、眼動儀、力回饋設備以及其他互動設備）等。

但是，Juant 公司並沒有跟風做硬體，而是冷靜地選擇了受眾更廣的 VR 內容作為發展方向。經過了兩年左右的疊代研發及測試，2015 年 7 月 1 日，Jaunt 公司推出了電影級 VR 攝影機（Jaunt ONE）。

電影級 VR 攝影機具有良好的 VR 拍攝功能，它可以消除鏡頭畸變，進行環景圖像拼接，還可以集結圖像和音頻數據，生成虛擬實境內容。用戶在任意一個場景搭建多台 Jaunt ONE 攝影機，就可以實時拍攝 VR 內容。用戶所拍攝的這些 VR 內容可透過 Jaunt 專業的雲端渲染通道進行壓縮和處理。

不久後，Jaunt 在洛杉磯成立了製片公司 Jaunt Studio，致力於開發、製作真人 VR 影視內容以及探索以 VR 為基礎的新型影視拍攝技術。最終，Jaunt 公司將發展為領先的全沉浸式電影虛擬實境、體驗製作商和發行商。

Jaunt 公司堅持以 VR 內容為主，它最初的定位為 VR 相機廠商，但隨後把重點放在內容製作和分銷上。結果這家公司目前已經完成了超過一億美元的融資，投資者包括迪士尼、Google 風投、BSkyB、Evolution Media Partners 等。

亞瑟·范霍夫是一位精明的美國人。他老當益壯，對於 VR 產業時刻著保持創業的激情，他在自己的辦公室裡擺放著一個顯眼的「黑科技」——電影級 VR 攝影機。

亞瑟·范霍夫發明齣電影級 VR 攝影機之後，無時無刻不在推銷自己的產品。一旦有顧客上門，亞瑟·范霍夫就向他們推銷自己的產品。亞瑟·范霍夫的標準推銷姿勢就是，像抱著自己的孩子一樣，把電影級 VR 攝影機抱至胸前，然後煞有介事地說：「你可以用二十四個鏡頭拍 VR 大片。」

VR 內容成本居高不下

好內容還需要好的行銷，正是透過這樣努力地推銷，亞瑟·范霍夫先後與好萊塢、矽谷展開內容層面的合作，同時想辦法拓展更多的應用領域。亞瑟·范霍夫分析說：「VR 有一半機會會出現在媒體內容領域，包括新聞、旅遊、教育等。」

在 2016 年 4 月，日舞影展隆重開幕，為了宣傳自己的公司和電影級 VR 攝影機，亞瑟·范霍夫帶隊去參加，並獻上了自己拍出的一部十六分鐘的 VR 電影。結果是，那些好萊塢的人對於 VR 的熱情變得迅速高漲起來。面對合作的對象，亞瑟·范霍夫冷靜地分析說：「大電影公司更多地把 VR 當成一種宣傳手段，而獨立製片人更願意把它當成一種新的電影製作模式去研究。我也覺得說不定會有一部 VR 電影拿到奧斯卡。」

在亞瑟·范霍夫看來，獨立製片人才是他的目標客戶，而那些大電影公司還在持觀望態度，因為 VR 內容的製作過程比較複雜，成本也比較高。

VR 的內容製作過程，大致經過三個步驟。

- 第一步，用 VR 環景拍攝器材拍攝三百六十度環景照片、影片。
- 第二步，製作三維靜止圖像，讓所有三維物體、人物在 VR 環境當中，都可以三百六十度旋轉和無極限放大縮小。

✲ 第三步，讓所有三維圖像活動起來。一方面，VR 影片裡的人物會動起來，另一方面，體驗者可以進入虛擬實境環境，與裡面的人物展開互動，還可以切換不同視角，進行各種各樣的動作和定位追蹤。

與普通的照片和影片不同，VR 影片的製作成本非常高。以拍攝一個古宅為例，製作一部僅有外景展示的很普通的 VR 內容需要十萬元左右，若客戶需要展示推開門進入屋內的場景，成本就會至少翻一倍，達到二十萬元，後期實際製作時可能還需要更多。如果客戶要求製作一個環景遊古鎮的影片，也就是在虛擬場景中約一百公尺的範圍內轉一圈，進行三百六十度無死角遊覽，其製作成本約為五十萬元，並且影片中還不包括任何的互動設計。

製作普通的 VR 內容價格不菲，如果要製作優質的 VR 內容，實現「真正的虛擬實境」，其製作成本是驚人的。據美國的晶片製造商 AMD 的羅伊．泰勒介紹：「如今優質的 VR 內容每分鐘的製作成本最高可達一百萬美元。因此，我們必須保證內容創作者能把這樣的製作成本收回來，才能創造出出色的 VR 內容，讓虛擬實境這個行業生存並茁壯成長。」

目前，VR 技術只適合拍攝短片，而即使是小短片，其製作成本也已經高達上千萬。因此，目前所發布的 VR 影片時長基本上不超過十幾分鐘，這都跟 VR 內容製作成本高、難度大直接相關。

不只是 VR 內容製作成本居高不下，一套成熟的 VR 硬體設備價格也不菲，所以一般創業公司想做 VR 內容更是難上加難。

在 VR 內容成本居高不下的情況下，Jaunt 公司還沒有清晰的商業模式，亞瑟 · 范霍夫認為商業贊助是最好的合作方式。亞瑟·范霍夫說:「一些對於VR感興趣的大品牌，比如北面（The North Face，美國著名戶外品牌）這種，願意為它創造的新體驗買單。我們可以幫助這些大品牌製作一些 VR 內容（比如商業廣告）向他們收取費用，就目前來看，大牌廠家對 VR 內容製作商進行商業贊助，還是一個不錯的商業模式。」

由於 VR 內容製作過程複雜，成本高昂，因此基本上都是大品牌商在嘗試使用，一般中小企業很難製作得起這些 VR 內容。未來，如果有更低成本的 VR 內容製作手段，將會獲得市場的追捧。

圖 2-4 所示為 Jaunt 公司與其 VR 產業示意圖。

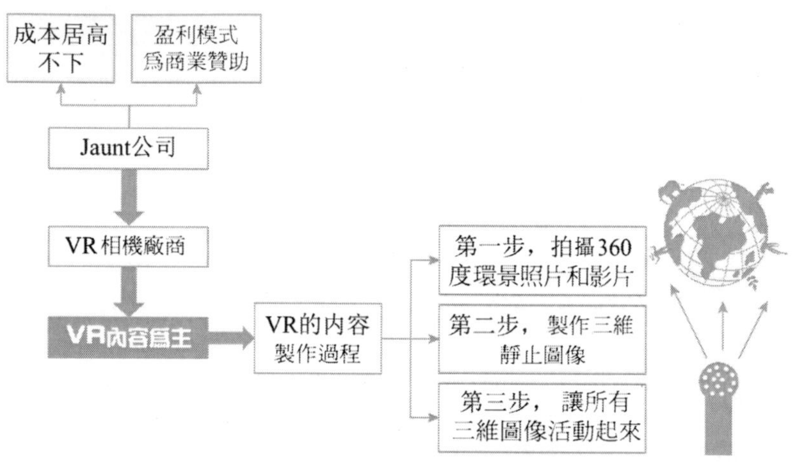

圖 2-4　Jaunt 公司及其 VR 產業內容

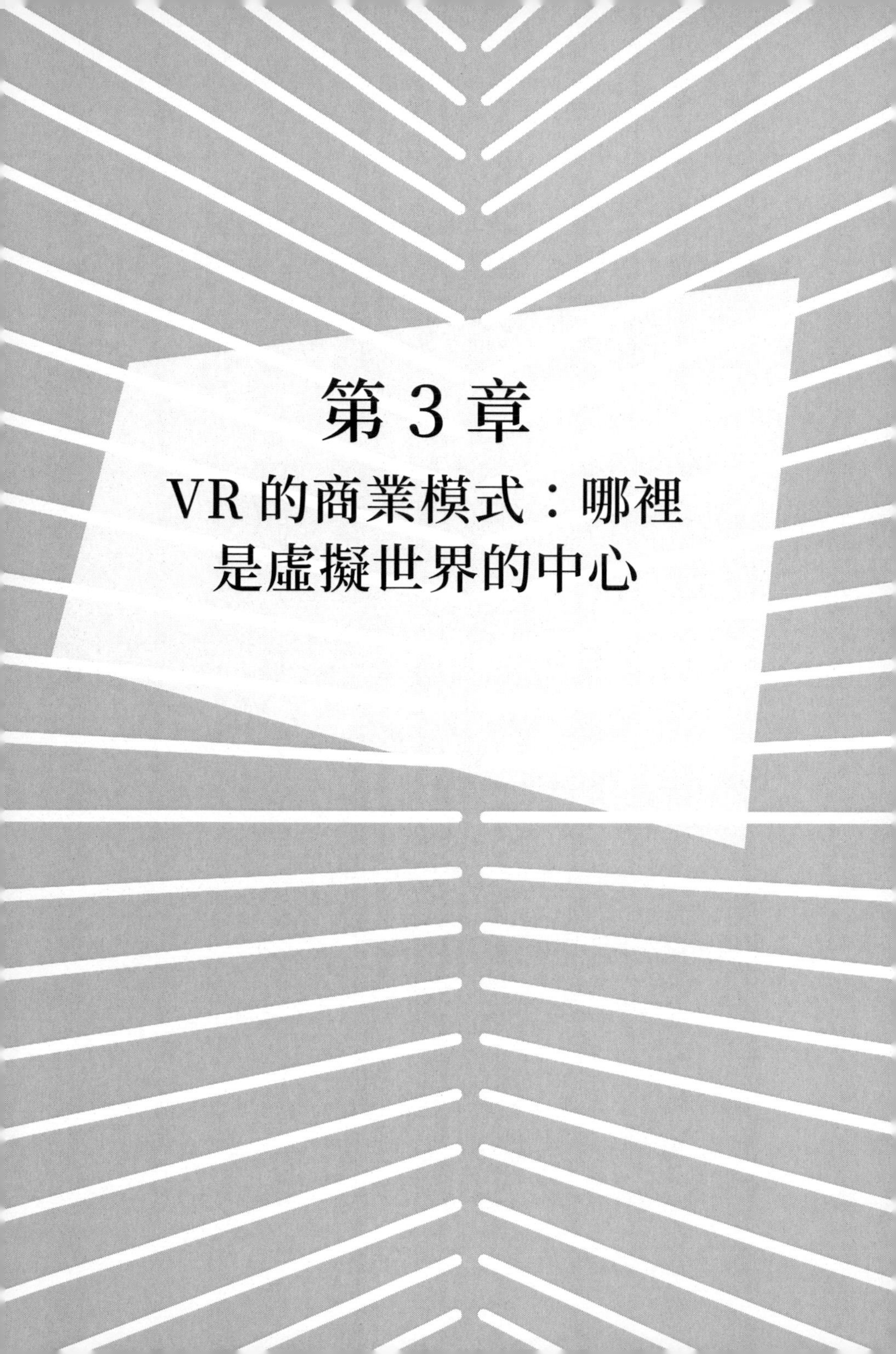

第 3 章

VR 的商業模式：哪裡是虛擬世界的中心

3.1 VR 遊戲化，占據半壁江山

實際上，我們對虛擬實境非常重視，因為它能帶來完全不同的遊戲體驗。但是我認為虛擬實境的應用其實更加廣泛，它能夠做很多非遊戲的事情，這也是我們未來會特別關注的一個領域。

——任天堂前社長　君島達己

2016年2月的一天，富士山上白雪皚皚，山下微風徐徐。在任天堂公司裡，新上任的任天堂（Nintendo）社長君島達己正在召開電話會議，任天堂各地子公司、各個部門的主要負責人都圍在電視螢幕前，聆聽君島達己的講話。

家用機、掌上遊戲機一體化

君島達己西裝革履、戴著大眼鏡，面帶微笑地出現在大螢幕上。他對各位同仁說：「現在，我們任天堂的家用機、掌上遊戲機（掌機）、遊戲軟體銷量深受行動裝置遊戲的挑戰，怎麼走出困境呢？不能單靠金融手段，還要靠更好的遊戲產品，像虛擬實境就是一種有趣的技術，我們也正在研究與虛擬實境相關的技術，希望能與我們的遊戲機結合起來……」

任天堂的職員們特別是任天堂的情報開發本部的職員深受鼓舞，他們叫起來：「太好了，虛擬實境技術和遊戲內容結合起來，將帶領整個公司面向全球，走出困境！」

隨後，君島達己提出公司的最新發展規劃，並下達了一系列的工作任務與目標。

君島達己，原來是任天堂經營部長兼總務部長。在工作中，君島達己曾經是岩田聰（任天堂第四任社長）的左膀右臂，並擔任過一段時間的美國任天堂 CEO。從 2015 年 9 月開始君島達己開始出任任天堂第五任社長。

君島達己是一位具有國際視野的實幹家，他早年從事金融行業，曾在扭轉任天堂財政危機這件事上功不可沒。任天堂希望，君島達己能帶領任天堂進入一個全新的發展階段。

君島達己上任後，延續了任天堂開發遊戲的優勢，同時也在「虛擬實境＋遊戲」方面加緊研發。2017 年 3 月，任天堂推出了集遊戲家用機、掌機於一體的 NS（Nintendo Switch）。

NS 最大的特徵就是同時具備了便攜和家用兩種特性，用戶可以隨時隨地從電視遊戲切換到手機遊戲。以後任天堂可能不再有主機和掌機兩條產品線，因為主機和掌機的身分可以隨時無縫切換，用戶在電視上沒有打完的遊戲，可以切換到手機上繼續打。

現在，任天堂已經將遊戲家用機、掌機完美地融合起來，下一步就是要加入虛擬實境技術，讓 VR 遊戲化。

對此，任天堂新任社長君島達己也說：「宮本茂（任天堂的情報開發本部總監兼總經理）和我談過很多次虛擬實境，也不是說任天堂對虛擬實境不感興趣，實際上，我們對虛擬實境非常重視，因為它能帶來完全不同的遊戲體驗。但是我認為虛擬實境的應用其實更加廣泛，它能夠做很多非遊戲的事情，這也是我們未來會特別關注的一個領域。」

可見，任天堂不僅要實現 VR 遊戲化，還要研發虛擬實境的更多應用場景，已顯露出發展虛擬實境技術的勃勃雄心。

下面簡單介紹任天堂探索 VR 技術的歷史。

任天堂是日本一家全球知名的娛樂廠商，是電子遊戲業三巨頭（微軟、任天堂、SONY）之一，是現代電子遊戲產業的開創者。

1889 年 9 月創始人山內房治郎創辦了任天堂的前身「任天堂骨牌」。1949 年山內溥從祖父山內房治郎的手中接管了任天堂骨牌工廠，並成立新的公司。

雄心勃勃的山內溥開始進行跨界發展，不僅發展撲克牌行業，還嘗試開拓出租汽車公司、愛情旅館和泡麵等新事業，結果均遭遇挫折，最後他不得不把精力重新放在遊戲娛樂主業上。

幾十年來，任天堂研發出了很多經典的家用遊戲機和遊戲軟體，包括家用電視遊戲機（Nintendo Game Cube）和世界上銷量最好的掌上遊戲機（Game Boy）系列。任天堂還向全球遊戲用戶銷售了超過二十億份遊戲軟體，創造了遊戲史上最為經典的遊戲，例如《薩爾達傳說》和《精靈寶可夢》等。在虛擬的遊戲世界，任天堂締造了多名遊戲史上著名的人物，例如瑪利歐（Mario）、大金剛（Donkey Kong）等。

一直以來，任天堂都能維持著 20% 以上的利潤率，後來行動網路來了，智慧手機來了，任天堂的家用機和掌機受到嚴重的影響，幾任社長都在謀求創新，以便走出困境。

早在 1995 年，任天堂就開始涉足虛擬實境遊戲了。

當時，任天堂初期骨幹成員橫井軍平設計出了虛擬男孩（Virtual Boy，VB），這是整個遊戲界對虛擬實境技術的第一次嘗試。這個 VB 計畫以頭罩式眼鏡方式實現戶外娛樂的可能性。用戶戴上頭罩式眼鏡再連上遊戲掌機，就能「邊走邊玩遊戲」。

產品開發出來後，山內溥馬上將其投放到市場，但是市場回應並不樂觀。

首先，這種設計理念過於前衛，很多用戶還不願體驗這種「邊走邊玩」的遊戲，生怕發生意外，因為玩家的雙眼被頭罩式眼鏡矇住了。

其次，用戶在玩遊戲時由於頭部的晃動會引起液晶偏振現象，導致圖像紊亂錯位，大大降低了遊戲的舒適度。

這時，很多競爭對手趁機向任天堂發難，他們在各大媒體投放報導，指出虛擬男孩所使用的虛擬成像技術會嚴重損害青少年的視力，令任天堂的 VB 銷售完全陷於停滯。

最後，任天堂社長山內溥不得不叫停虛擬男孩產品的生產，還在股東會上向合作夥伴和股民代表們鞠躬謝罪。從此之後，山內溥對橫井軍平失去了信任。任天堂對虛擬實境技術的研發就這樣「戛然而止」。

三大謀略四大陣營

二十多年過去了，現在的任天堂正處在一個非常艱難的時期。其他遊戲巨頭已經搶先進入手遊市場，並推出虛擬實境遊戲。例如 SONY 一下子就推出了多款虛擬實境遊戲；微軟也推出了活動客廳（Room Alive），利用虛擬實境技術把用戶的整個房間帶入遊戲，讓客廳變成一個沉浸式 3D 遊戲影院。

受此影響，任天堂的業績不斷下滑，不論是硬體遊戲家用機、掌機，還是遊戲軟體的銷售都不盡人意。為了走出困境，任天堂開始迎頭趕上，發力研發 VR 遊戲的相關技術。

現在，任天堂已推出遊戲家用機、掌機一體化（Switch）產品，未來加入虛擬實境技術也是水到渠成的事情。

對於 Switch 遊戲機是否會加入虛擬實境技術，任天堂前任社長君島達己這樣回答：「如果你問我未來是否有這種可能性，我們當然不會說沒有。我不能說任天堂對虛擬實境一點兒都不感興趣，因為它的確會給玩家帶來與眾不同的遊戲體驗。你會發現通常任天堂的遊戲都能讓玩家玩很長時間，虛擬實境如何在遊戲中應用，是任天堂公司必須要去考慮的，這裡面還涉及很多其他問題。」

在遊戲進入 VR 時代以後，電子遊戲業三巨頭，微軟、SONY 和任天堂開始使出渾身解數，以各自不同的謀略展開爭霸賽。

現在微軟公司左手發展家用機，右手加緊開發 VR 頭顯。微軟公司開發的家用電視遊戲機（Xbox One）在全球的銷量依然很強勁。因此，微軟將繼續加快家用電視遊戲機的升級換代，如增加高清藍光和 4K 分辨率升級包等。與此同時，微軟還推出了 Windows HolographicVR 頭顯，基於此，微軟的合作夥伴包括宏碁、惠普、華碩等也都在生產自己的基於 Windows 10 的 VR 頭顯。

SONY 公司一邊賣虛擬實境頭戴式顯示器（PS VR），一邊推銷多款 VR 遊戲，給用戶更多的選擇機會。例如 SONY 推出了賽車類遊戲《虛擬實境駕駛俱樂部》、趣味類遊戲《虛擬實境遊戲空間》、解密類遊戲《虛擬實境積木世界》等。

任天堂公司，一邊推銷家用機、掌機一體化，一邊研發虛擬實境技術。現在，任天堂遊戲平台漸漸轉向 Switch。Switch 是個固定和移動兩用的遊戲設備，用戶將掌機插在大螢幕 TV 上就可以一邊充電一邊玩遊戲，而且還可以進行多人遊戲。

在國際 VR 遊戲市場，三大巨頭各有優勢，三大謀略也各有千秋，他們的一舉一動都牽動著其他遊戲廠商的神經。不知道誰能笑到最後，是「封山二十年再實現王者回歸」的任天堂呢？還是崇尚合作共贏的軟體巨頭微軟？或是在 VR 領域軟硬兼施、捷足先登的 SONY ？

在 VR 遊戲化發展過程中，全球三大遊戲巨頭，SONY、微軟和任天堂正在「暗戰」。

有數據表明，VR 遊戲化已占據整個 VR 市場的半壁江山。國際各大巨頭，既有聯合又有對抗，已形成了 VR 遊戲產業的大江湖。在這個江湖中，鹿死誰手，尚無定論。

3.2 VR 大眾化，需要突破三重障礙

透過與開發商和跨行業的合作夥伴協作，我們可以聯手開發出更多功用。我們相信，這種沉浸式的虛擬實境技術在未來某一天將成為數十億人日常生活中的一部分。

——Facebook 創始人　馬克·祖克柏

2016 年 3 月的一天，讓粉絲們激動不已的是，某個綜藝節目推出了 VR 專區。在光影炫麗的舞台上，動感十足的音樂響起來了，萬眾期待的歌手正在忘情地歌唱，這時舞台上空漂浮著綵帶、四周噴出煙霧，觀眾的掌聲、歡呼聲縈繞在整個場地的上空……

低成本體驗 VR 技術

歌手的演唱現場環景呈現、真實再現，讓粉絲們猶如身臨其境。多媒體用戶比現場觀眾還帶勁，因為現場觀眾只能固定坐在自己的位置上，觀看的角度也是相對固定的，而電腦用戶和手機用戶就有福了，他們只需操作滑鼠或觸摸螢幕，就可以全方位、多角度地了解舞台、歌手、觀眾以及現場等時

空布局。

歌手們在競演現場的一舉一動盡收粉絲眼底，明星的表情、臉上的汗滴、紅豔的雙唇、結實的胸肌、服裝的款式、鞋子的牌子等細節都可以看得一清二楚。除了環景視覺上的衝擊之外，電視台還引入三維立體環繞音效，讓粉絲們盡情享受歌手們絕妙的歌聲。

《我是歌手》是一檔歌曲競賽類真人秀節目，節目每期邀請數名已經成名的歌手競賽，一決雌雄。隨著 VR 浪潮的興起，節目組為觀眾推出了 VR 專區，他們在舞台上裝備了二十台環景機位、6K 大螢幕電影專業攝影設備，以便覆蓋所有拍攝區域。

在競賽期間，舞台周圍和歌手房間內的拍攝設備將現場氛圍、舞台燈光音效一絲不落地捕捉進 VR 影片裡。電腦用戶和手機用戶在觀看這些 VR 影片時，可以隨心所欲地調整視角，既可以看到樂隊的狀態，也可以欣賞到表演者的舞姿，還可以看到歌手的眼神以及現場聽審的微妙反應等。

節目的 VR 娛樂影片上傳到網上，透過 VR 專區讓 VR 影片進入大眾的視野。由此，VR 專區一舉成為一檔創新引入 VR 技術，全方位多角度記錄內容的綜藝節目。這種 VR 娛樂影片，就是對 VR 大眾化的新嘗試。

VR 大眾化要想獲得立竿見影的效果，就要讓用戶低成本地體驗到虛擬實境技術，並贏得用戶的認可。像《我是歌手》VR 專區，電腦用戶只要耗費一點點網速，手機用戶只要耗費一點點流量就能觀看到 VR 娛樂影片。這對於大規模普及 VR 內容造成了一定的示範作用。

為了實現 VR 大眾化，全球各大 VR 廠商都在絞盡腦汁，創設各種各樣的體驗店、展示區。

像 SONY 公司就在全美零售商提供了 VR 頭顯的開放展示區，可以讓普通消費者先體驗，繼而購買他們的 VR 頭顯。這是因為，如果一開始就上架銷售 VR 頭顯的話，普通消費者很難把幾百美元花在一件自己從未用過的東西上。

為了消除消費者的顧慮，SONY 公司在遍布全美國的百思買和 Game Stop（全球規模最大的電視遊戲和娛樂軟體零售業巨頭）零售店裡開設了三十個 VR 試玩體驗點，消費者可以在這些體驗點試玩各種各樣的 VR 遊戲。

看到 SONY 公司創設展示區，Oculus 公司也不甘示弱，他們也在百思買設立了 VR 試玩體驗點。還有 HTC 與 Valve（HTC Vive 是由二者聯合開發的一款 VR 頭顯）也積極跟進，他們在美國的微軟中心、GameStop 和微軟商店也開設了試玩區。

先體驗試玩，再購買 VR 裝備，VR 廠商們所做的這一切，都是為了推動 VR 大眾化進程。

突破三重障礙

將 VR 大眾化並非一蹴而就，還需要突破三重障礙。

第一重，體驗障礙。很多 VR 遊戲玩家認為，VR 成本還是太高了（包括 VR 硬體、軟體和內容）等。

有調查顯示，超過 50% 的人認為四百美元的 VR 裝備成本太高了，雖然 VR 技術很誘人，但是居高不下的價格，傷了很多玩家的心。

第二重，習慣障礙。玩家戴上虛擬實境頭顯，就與真實世界隔離了，他們的一舉一動，讓外人看起來覺得很怪異。現在，電視、電腦、手機已經剝奪人們太多的時間了，如果再加上 VR 遊戲，那麼 VR 玩家與真實世界中的人的交流可能會變得更少。

第三重，內容障礙。現在 VR 內容的品質普遍糟糕，廣告吹得很好，可是用戶體驗到的卻不是那麼一回事：畫面不清晰、晃動、拖影等問題，往往使用戶感到噁心、頭暈、眼花，甚至有嘔吐、眩暈感。

但是以上這些問題都阻止不了 VR 大眾化的發展趨勢。隨著科技的發展、新材料的應用，VR 裝備的成本會越來越低，VR 內容也會越來越精緻，而 VR 消費習慣也會慢慢培養起來。就像無線網路取代有線網路，智慧手機最終會取代台式電腦一樣，需要一個長時間的過渡階段。

Facebook 創始人馬克·祖克柏在收購 Oculus 之後，一直想推動 VR 大眾化，因為只有 VR 大眾化才能讓虛擬實境技術成為數十億人日常生活的一部分。

馬克·祖克柏曾經這樣描述 VR 大眾化的未來：

「在遊戲之後，我們會將 Oculus 打造成一個平台，使其承載其他更多的體驗。在觀看比賽時享受前排座位；在教室中學習，身邊的同學和老師來自世界各地；或者面對面和醫生交流——只要在家中戴上這款產品就能實現。」

「這真的是一種全新的交流平台。透過這樣身臨其境的感覺，你可以與生活中的人無約束地分享空間與體驗。分享將不再限於與朋友聯網的短暫時間，而是完整的經歷與冒險。這些只是該技術潛在用途的一部分。透過與開發商和跨行業的合作夥伴協作，我們可以聯手開發出更多功用。我們相信，這種沉浸式的虛擬實境技術在未來某一天將成為數十億人日常生活中的一部分。」

「虛擬實境曾是科幻小說中的夢想。網際網路、電腦、智慧手機曾經也只是個夢想。我們正在接近未來，並有機會共同打造它。我已經等不及要和整個 Oculus 團隊合作，把這種未來帶給世界，為我們所有人打開通往新世界的大門。」

將 VR 大眾化需要突破三重障礙，如圖 3-1 所示。

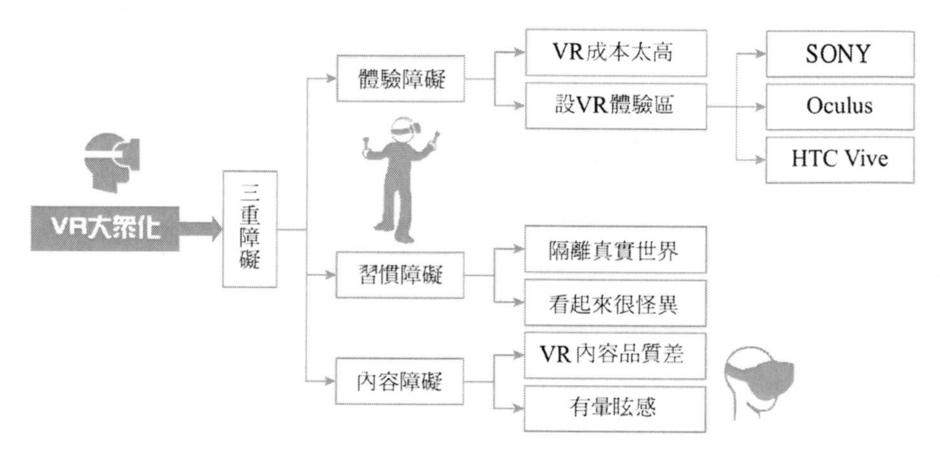

圖 3-1　VR 大眾化需要突破三重障礙

3.3 VR 社交化：成為未來的「交際平台」

> 虛擬實境不僅僅是玩遊戲、看電影的工具，它將成為最具社交性的平台。大眾真正關注的焦點是如何利用這項技術來與別人交流互動。
>
> ——Facebook 創始人　馬克·祖克柏

2016 年 2 月的一天，太陽升起，金光萬道，把矽谷裡密集的商廈、辦公室抹上金色的光彩。此時此刻，在 Facebook 總部的 VR 體驗室裡，印度尼西亞總統佐科·維多多（Joko Widodo）與馬克·祖克柏正在玩一個特別的遊戲。

自上而下的行銷

只見維多多進入 VR 體驗室，戴上 Oculus Rift 頭顯，開始和祖克柏玩零重力桌球遊戲。在虛擬世界裡，那個桌球好像是懸浮在空中的一小朵白雲，維多多用手握住一個虛擬的桌球拍輕輕一碰，那個桌球就像飛彈一樣彈出去。

這時，祖克柏也戴著 Oculus Rift 頭顯走進來了，他扭頭看見維多多打過來的一記扣殺，立即用手裡握住的一個虛擬桌球拍阻攔，於是那個零重力桌球又飛了回去。隨後，維多多眼疾手快又發來一記扣殺，祖克柏又反手一拍打回去……

兩個「業餘選手」打起零重力桌球好像專業選手一樣，他們在虛擬世界裡打得滿頭大汗、熱火朝天，那個零重力桌球也是左右橫飛、乒乓作響。

在旁觀者看來，維多多和祖克柏動作很怪異，他們一會兒搖頭晃腦，一會兒擺出各種接球打球姿勢，好像很投入的樣子，卻根本沒見到任何桌球。那個零重力桌球只存在於維多多和祖克柏看得見的虛擬世界裡，只有他們兩人才知道他們打得有多激烈。

兩人足足打了二十分鐘，最後維多多和祖克柏握手言和。維多多說：「虛擬實境技術確實不錯，我們配合得很好！」祖克柏喜出望外地說：「這不是一場遊戲，沒有績點，也沒有得分，也沒有公正與否，但是身在其中人們會想方設法用新的方式互動。」

這是一個標誌性的事件，它把虛擬實境技術的應用前景引到了社交領域，人們待在虛擬世界裡可以共同完成一些事情。比如，在虛擬打球遊戲中，維多多和祖克柏不僅相互看得見對方，還心血來潮玩了一把零重力桌球賽，把互動活動做足、做實。

這場「零重力桌球賽」藉助全新的虛擬實境技術和 Oculus Rift 頭顯來完成。Oculus Rift 頭顯不僅能捕捉用戶的頭部運動，連手部的動作也能感應得到。所以，儘管沒有真實器材，但是維多多和祖克柏可以透過頭盔看得見對方的動作、橫飛的桌球。所以，在打球的過程中，雙方都可以盡情地舒展身體、體驗零重力，進行一些社交活動，自由地「沉浸」在虛擬實境的環境中。

對於這場桌球賽，祖克柏得意揚揚地說：「真正吸引人的是，當其他人出現在你身邊時，整個虛擬空間就變得社會化了。虛擬實境技術不僅僅是玩遊戲、看電影的工具，它將成為最具社交性的平台。大眾真正關注的焦點是如何利用這項技術來與別人交流互動。」

Facebook 是美國的一個社交網路服務網站，靠社交起家，辦什麼事都離不開這個「中心環節」。祖克柏在收購 Oculus Rift 的全部資產之後，一直致力於加快 VR 社交化的進程（參見圖 3-2）。

Facebook 對 VR 社交化的布局包括宣傳和應用推廣兩部分。宣傳就是大搞自上而下的行銷。Facebook 經常邀請政界、商界的大人物前來 Facebook 總部與祖克柏一起玩虛擬實境遊戲，包括零重力桌球、虛擬恐龍等。然後讓這些政界、商界的大人物們去影響他們的朋友、他們的企業，甚至是他們的國家。

有一次，新加坡總理訪問了 Facebook 總部，他不知不覺走進了祖克柏辦公室隔壁的 VR 房間，發現裡面的人正在體驗虛擬實境技術，於是他也戴上 Oculus Rift 頭顯想體驗一番。結果在那個虛擬實境中，有一隻碩大無比的恐龍正在走動，牠走得地動山搖、震耳欲聾。這位新加坡總理終於在虛擬實境裡與傳說中的恐龍有了第一次親密接觸。

後來，祖克柏及時趕到，陪新加坡總理一起玩了其他精彩的遊戲。祖克柏說，「想像一下吧，你可以隨時坐在一堆篝火前，與幾個朋友開心地玩耍；你可以隨時邀請三五好友坐在一個私人影院裡觀看電影；你甚至還可以在全世界想要的任何地方舉行集體會議或活動。這一切都將會變成現實。這就是 Facebook 早前重磅投資虛擬實境的原因。我們希望（能為大家）提供這些社交體驗。」

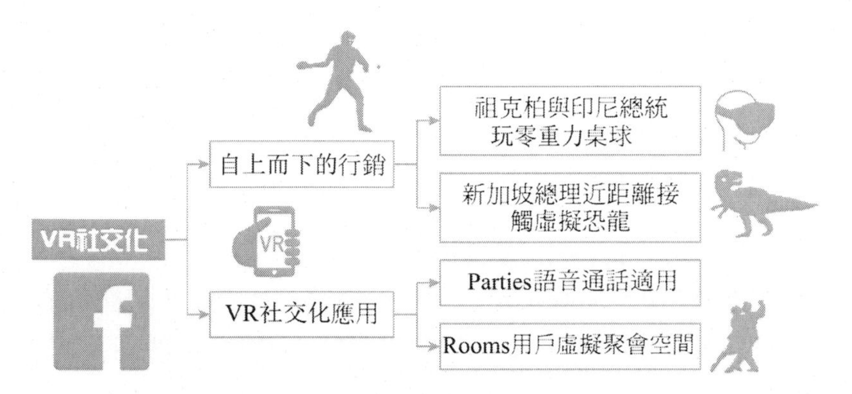

圖 3-2　Facebook 大力推銷 VR 社交化

VR 社交應用程式

為了推進 VR 社交化，Facebook 除了大做自上而下的行銷之外，還在技術方面有所突破，為 VR 頭顯開發「社交應用程式」。

2016 年 10 月，在開發者大會上，Facebook 的全資子公司 Oculus 發布了兩款 VR 社交化應用 Parties（聚會）和 Rooms（房間），這是 Facebook 在 VR 社交化上的新嘗試。

下面簡單介紹一下這兩款 VR 社交化應用。Parties 是一款內置的語音通話應用，可以方便用戶在虛擬聚會中對話交流；Rooms 則是為多個用戶打造的一個虛擬的聚會空間。目前，這兩款社交應用程式都只支援三星的 GearVR 頭顯，針對 Oculus Rift 的版本還在開發之中。

有記者已經率先體驗過這兩款新應用。當記者以用戶身分戴上頭顯進入 Oculus Home 界面時，Parties 應用將會顯示在螢幕的右側，看起來與其他的社交聊天應用類似，用戶能夠看到哪些好友線上，以及他們正在玩什麼遊戲。

如果用戶想開始一個虛擬的派對，只需選擇好邀請的成員，然後點擊「開始派對」（Start a Party）就可以了。被邀請人接受邀請也非常簡單，只需點擊接受就可以。整個過程就好像是打電話給朋友一樣簡單。

如果用戶點開 Rooms 社交應用，就像是把朋友邀請到自己家一樣。用戶可以把聚會邀請朋友都領到同一個虛擬空間中，不但可以「看到」朋友們，還可以與他們進行一些交流與互動。

記者嘗試了讓身在倫敦的 Oculus 產品經理邀請她加入一個房間，之後，她居然發現自己以虛擬人物的形象，與其他朋友身處同一個房間。

這個虛擬的房間被分割為不同的區域，用戶可以隨時更換自己的虛擬形象，也可以一同觀看影片。此外，在房間的一角，幾個用戶還可以湊在一起玩紙牌等簡單遊戲。

更為有趣的是，用戶在 VR 社交應用中的虛擬形象會模仿用戶的頭部、嘴唇等部位的動作，在用戶說話的時候，虛擬形象也會同步模仿出他們的嘴型。

對此，Oculus 的產品經理木圖庫瑪（Madhu Muthukumar）解釋說：「我們（Facebook 和 Oculus）都相信 VR 將能很好地將人與人聯結起來。不過首先我們得邁出這一步，Rooms 和 Parties 就是這一小步。」

以虛擬人物參與社交活動，這就像是在科幻電影《獵殺代理人》裡所表現的情景一樣：

在未來社會，科技的進步日新月異，這一切都是因為坎特博士發明了「機器代理人」這樣一種高科技產物。人們根本不需要親自出門，只需要將大腦接入網路，就可以透過由思維來控制的「機器代理人」來替自己做一切想做的事情。

這些「機器代理人」的外表可以根據客戶的要求定製，它可以是一位迷人的金髮美女，也可以是一位體格壯碩的硬朗漢子。有了「機器代理人」的社會，一切都化繁為簡，生活看上去變得更加完美。

這簡直是一個完美的社會，零犯罪率也保持了很多年。然而，發生的一起謀殺案徹底將這個人人嚮往的烏托邦社會擊碎了。調查顯示，由於長期缺少面對面的交流，讓人與人之間變得冰冷而陌生，整個社會危機四伏、積重難返。人們對人類黑暗的未來感到絕望，人們對虛擬實境技術、對人類之間交流的喪失表現出極度的恐懼。

凡事總有利弊之分，VR 社會化，一方面可以打造未來的

「交際平台」，讓人們在虛擬實境中以更加完美的形象進行聚會、聊天、交流，開展互動，另一方面也可能出現像《獵殺代理人》中描繪的一些社會問題。例如用戶對虛擬實境技術過度依賴性，發展到最後，有些用戶可能「沉浸太深無法自拔」，一摘掉 VR 頭顯就不能進行正常的社會交流活動了。

3.4 VR 電商化：從 O2O 到 V2R

電商的 VR 創新

2016 年 7 月，網上購物巨頭 eBay 與澳洲最大的零售集團 Myer 宣布攜手合作，創建了全球第一個虛擬實境百貨店鋪。在 VR 百貨店鋪裡有一萬多種商品，其中大多數商品都以二維影像的形式呈現，不過前一百種商品則是以三維影像的形式呈現。購物者可以透過旋轉和放大圖片來瀏覽商品的細節。

購物者戴著 VR 頭顯進入這個 VR 百貨店鋪之後，應用就會彈出一個 VR 選單系統，購物者可以透過頭部和眼部活動來瀏覽和選擇商品。其中有一個過程叫做「eBay 視覺搜尋」，購物者只需要盯著商品幾秒鐘，就能選定商品了。

目前，eBay 的虛擬實境百貨應用 APP 已經可以在澳洲的 iOS 和 Android 系統中下載，同時與現有的 eBay 應用 APP 連接下訂單。為了方便用戶體驗這種時尚的購物方式，eBay 透過公司官網為客戶免費提供一點五萬件與智慧手機相連接的 VR 頭盔 shopticals，它與 Google 卡板（Google Cardboard）有些類似。

持有 shopticals 設備的客戶，可將 eBay 虛擬實境百貨店鋪的應用程式下載至智慧手機，然後在應用程式開啟的狀態下將手機插入可穿戴設備，即可開始購物。

可見，在 VR 百貨店鋪裡，用戶只要一部智慧手機和一個 VR 頭顯，就能進行 VR 購物，比坐車去超市購物要方便得多，既省時又省力。

看到 eBay 推出了全球第一個虛擬實境百貨店鋪，全球著名購物平台亞馬遜按捺不住了，他們的做法是爭奪 VR 人才。2016 年 8 月，亞馬遜開始「招兵買馬」發展「VR 虛擬商店」。亞馬遜希望能招到一些頂尖的 VR 技術人才，以便在 SONY 頭顯、Oculus Rift 頭顯、HTC Vive 頭顯及任天堂新主機 NX 上推出 VR 購物功能。用戶只要戴上這些頭顯之一，就可以在亞馬遜「VR 虛擬商店」享受沉浸式購物體驗。

目前，VR 購物就像是一片藍海，人人都想到裡面去大展宏圖。雖然各個電商巨頭都有所布局，但是距離 VR 購物的全面普及還需要等上一段時間。現在，VR 商店少，品種更少，而且 VR 用戶量也很少。如果現階段用戶只需一部手機就能實現購物流程，為什麼還要戴上一個奇怪的 VR 頭顯來購物呢？所以用戶要養成 VR 購物的習慣，至少需要三至五年的時間。

VR 電商化，一方面可以擴展 VR 技術的應用場景，一方面也可以為用戶帶來全新的購物體驗。

在電商時代，電商打敗了實體店，現在進入 VR 時代，VR 不是要打敗電商，而是要擁抱電商，透過虛擬實境技術解決電商現存的一些問題。例如，透過 VR 商店實現線上商店與實體門市的無縫對接，用戶戴上頭顯就像來到實體店一樣，可以看到不同的商品，而不是網上一個又一個的網頁。

VR 購物平台的出現不僅不會顛覆實體店和零售店的經營，反而有可能拯救它們。這是因為 VR 電商把更多的選擇權交給了用戶，用戶既可以選擇拖家帶口地去實體店逛，也可以選擇戴上頭顯在虛擬商店逛。

VR 電商既需要線上虛擬商城，也需要傳統的實體店和零售店，因為購物者在進行 VR 購物時，可以隨時與店家互動交流。在 VR 電商化過程中，那些電商平台的「純網店」的生意可能會受到影響。因為純網店沒有真正的實體店給用戶參觀、體驗和購物，當用戶戴上頭顯後，根本查找不到純網店的 VR 商店。

現在 VR 電商化還處於起步階段，各種 VR 創新層出不窮，eBay 推出了虛擬實境百貨店鋪，亞馬遜發展了「VR 虛擬商店」。這些電商巨頭的 VR 創新，都希望能引領電商時尚潮流，在不久的將來為用戶提供更好的產品和服務。

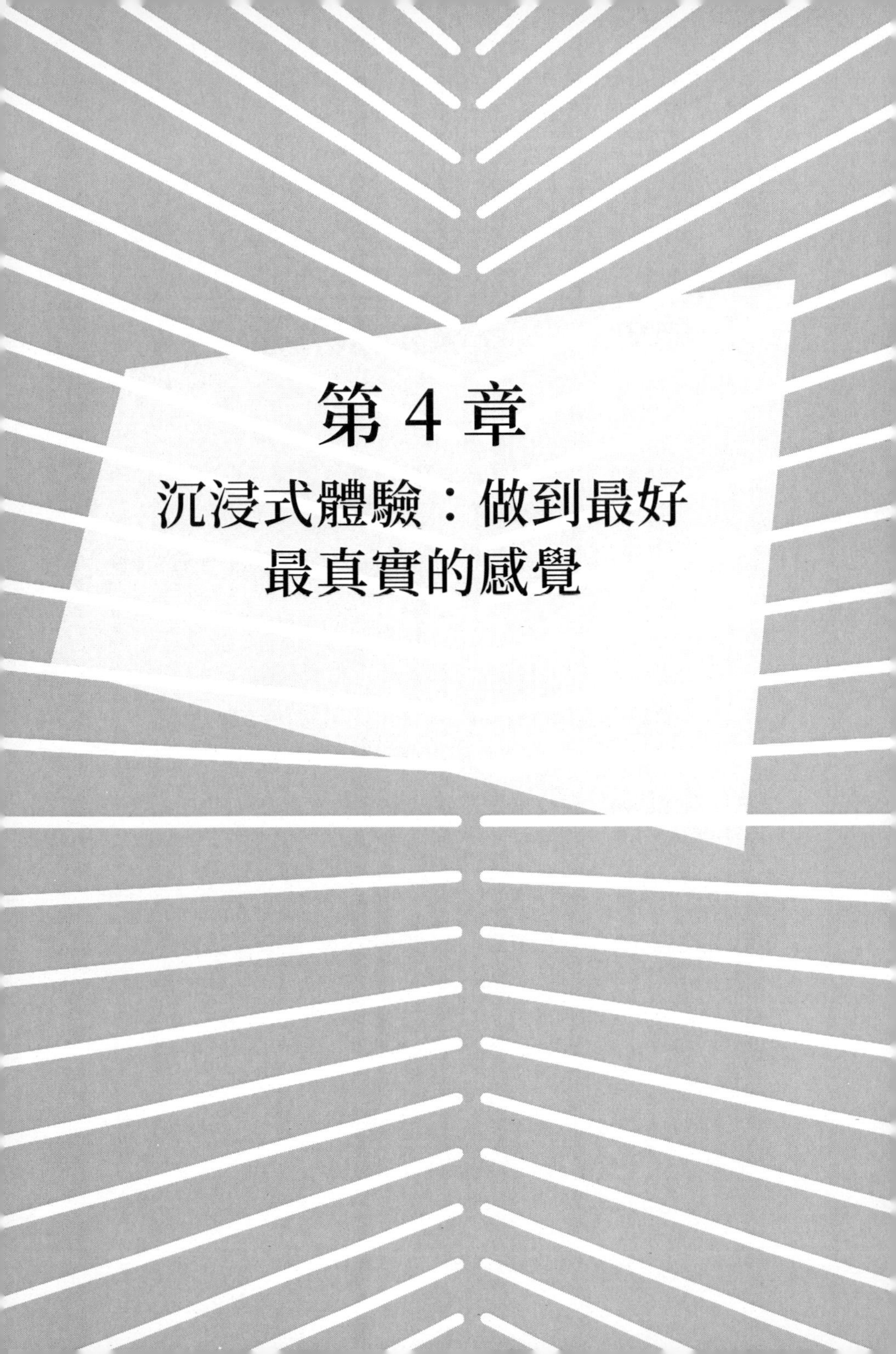

第 4 章

沉浸式體驗：做到最好最真實的感覺

4.2 巨頭動向：要麼引領要麼靜觀

虛擬實境設備並不是一個利基，虛擬實境真的很酷，它擁有著一些非常有趣的應用！

——蘋果 CEO　庫克

2016 年 2 月，有一位「果粉」懷著激動的心情登錄了蘋果官方網站，想看看最新款的 iPhone 發售了沒有。結果，他發現一款名為 View-Master 的虛擬實境頭顯，它以紅色為主色調，構造類似於 Google 卡板簡易頭顯。

果粉仔細觀察，發現這個 VR 頭顯只是一個大塑膠盒，用戶只需要放入 iPhone 智慧手機，然後打開一個應用程式就可以播放三百六十度環景影片。如果用戶把這個 View-Master 戴在頭上就可以觀看到虛擬世界。

可以說，這是用戶低成本進入虛擬世界的最有效方法——只要擁有一台 iPhone，再加上這款廉價的設備即可。果粉看了產品各種參數之後，激動得心差點要飛出來，他要在「網購手」被剁掉之前，趕緊訂購一個蘋果頭顯！

蘋果頭顯在不斷簡化

在 VR 成為創業風口之後，Facebook 推出了 Oculus Rift 頭顯，HTC 推出 HTC Vive 頭顯，SONY 推出了 PS VR 頭顯，三星也推出了 Gear VR 頭顯，在這種情況下，蘋果公司的決策者們似乎還在「觀望」，不知道他們將為世人編織什麼樣的「驚喜」。

蘋果公司是美國的一家高科技公司。由史蒂夫·賈伯斯、史蒂夫·沃茲尼克和隆納·韋恩等人於 1976 年 4 月創立，並命名為美國蘋果電腦公司。2007 年 1 月更名為蘋果公司，總部位於加利福尼亞州的庫比蒂諾。

蘋果公司歷來以科技創新著稱，發明了很多改變世界消費潮流的產品，包括 Mac、iPad、iPhone、iPod 等。蘋果公司的前任 CEO 賈伯斯曾經說過：「我的座右銘之一就是專注和簡單。簡單比複雜更為困難，你必須努力去工作，以讓自己的思維保持清晰，進而實現簡化。」像蘋果公司推出的這個 View-Master 頭顯，就表現出簡單好用的特點。

現在，庫克接過賈伯斯的「權杖」，他一方面繼續繼承蘋果公司要改變世界的創新精神，一方面也在想方設法整合蘋果手機和 VR 技術，試圖引領 VR 消費時尚潮流。

在蘋果 View-Master 頭顯上線銷售之後，庫克在採訪中如是說：「虛擬實境設備並不是一個小眾市場（針對企業的優勢細分出來的市場），虛擬實境真的很酷，它擁有著一些非常有趣的應用！」

可見，蘋果公司不是怠慢 VR 技術，而是「慢工出細活，靜觀釀大招」。如果蘋果公司推出行動 VR 頭顯，很可能像蘋果公司經營蘋果手機那樣，會採用技術引領、快速疊代、飢餓行銷等多種策略組合，一下子就引領電子消費潮流，讓那些 VR 先行者通通靠邊站。

早在 2006 年，蘋果公司就在申請一項頭戴式顯示器專利。當時，那個專利還沒有提到虛擬實境這個概念，但其外觀與目前主流的頭顯已經有很多相似之處了。

此後，蘋果公司一直在研究 VR 技術，2008 年，蘋果公司又提交了兩項關於頭戴式顯示器的專利。

第一項專利的描述是：「可以為用戶提供個人媒體觀看體驗（包括三維媒體）的眼球轉動系統。」此項專利，在 2013 年獲批生效。

第二項專利的描述是：「配備有螢幕的頭戴式便攜裝置。」這款設備可以插入手機使用，和三星公司的 Gear VR 頭顯設備非常相似，用戶可以透過手中獨立遙控器操控設備。此項專利，在 2015 年獲批生效。

很顯然，蘋果公司在發展 VR 技術的時候，吸取了自己在經營智慧手機方面的經驗和教訓。要做好一個產品先要申請技術專利，只有專利先行，才能透過相關法律來保護自己的知識產權。

世界上有很多人經常搶先註冊大公司的商標，甚至搶先申請技術專利，然後挑起知識產權糾紛，等著蘋果公司購回這些知識產權，以達到「坐收漁利」的目的。為此，蘋果公司在搞 VR 技術的時候，只能「謹言慎行，步步為營」。

2015 年，蘋果公司曾經嘗試在音樂中插入 VR 影片，讓 MV（音樂短片）升級為 VR 內容。當時，蘋果公司為 U2、The Weeknd 和 Muse 等三個樂隊製作過三百六十度全方位影片，甚至還為 U2 樂隊準備了一輛配備有 Oculus Rift 頭顯設備的大巴，以便讓粉絲親身體驗他們製作的三百六十度環景影片。

蘋果公司在製作 VR 音樂短片時，發現自己製作 VR 內容的經驗不足，有點「力不從心」。所以，為了彌補自己的短板，生產出更好的 VR 內容，蘋果公司選擇和 Vrse 公司合作。Vrse 是由電影製作人克里斯·米爾克（ChrisMilk）創立的一家虛擬實境公司，這家公司可以為蘋果公司輸出第一手的 VR 內容製作經驗。

在發展 VR 技術方面，合作不成就收購，蘋果公司發展

VR 技術的決心也很大。在 2015 年，蘋果公司收購了一家專門研究行動 AR 設備的創業公司 Metaio。

Metaio 公司的行動 AR 技術十分先進，曾經為熱感觸控概念設計出了原型（這一原型是藉助紅外線技術，讓任何物體的表面都能成為觸控螢幕，從而帶來互動式的體驗）。人們熟知的環景地圖、GPS 定位和位置行銷等領域，都應用到了 Metaio 公司的行動 AR 技術。蘋果公司收購 Metaio 公司，可以說是「走了捷徑」，從 VR 技術直接升級到 AR 技術。

VR 產品以手腕為依託

2016 年 9 月，蘋果公司在美國國家專利局申請了一個 VR 頭顯的最新專利。這個 VR 頭顯很像一副智慧眼鏡，充分表現了蘋果公司對 VR 產品進行「簡化」的決心。

根據美國國家專利局曝光的專利文件描述，蘋果公司這款 VR 頭顯設備是一款類似 Google 眼鏡的設備，它是一款可以將手機放入其內的框架，並將手機螢幕放置於用戶眼前的設備。在用戶雙眼和手機螢幕之間存在著光學組件，用於接收手機螢幕上的圖像。整個設備包含內置耳機、設備連接器、一個眼鏡狀的框架和定製的鏡頭。

此前，蘋果公司推出的 VR 頭顯 View-Master 還被人們稱為「一個大塑膠盒」。經過幾個月的更新換代，大塑膠盒變成了智慧眼鏡，可見蘋果公司對 VR 頭顯已經進行了大幅度的「簡化與瘦身」。

雖然蘋果不著急推出完美的 VR 頭顯設備，但是已經在眼球轉動系統、三維顯示器等多個方面申請了專利。這些專利為後面開發完美的 VR 產品打下了堅實的基礎。

多年來，蘋果公司一方面研究 VR 與 AR 技術並申請專利，另一方面積極學習 VR 內容製作方法，最終讓 VR 硬體和 VR 內容獲得同步增長。可見，蘋果公司在 VR 領域的野心，不止為推出一兩款 VR 頭顯，它的布局可能更為遠大、更為超前。

在 VR 應用方面，蘋果公司首先研究了在 APP Store 上發布的 VR 應用，然後透過一系列創新來超越這些 VR 應用的現有功能。像 Vrse 公司就在 iOS 系統的應用商店上發布了自己的 VR 應用，創業公司 Littlstar 也在蘋果公司應用商店上發布了一款三百六十度全方位影片應用，這款應用甚至可以兼容 Apple TV。

蘋果公司的等待是有理由的，因為 VR 技術的研發需要一個過程，此外各大 VR 頭顯的銷售表現也需要時間來驗證。

現階段，眾多 VR 頭顯霸占了人類的雙眼，蘋果公司很有可能改變這種穿戴模式，將 VR 頭顯改變為以手腕為依託的可穿戴產品。對此，庫克如此分析：「我們認為 Google 眼鏡項目並不是一項明智的舉措，因為人們根本不喜歡佩戴這類設備。這類設備並沒有從根本上推動技術的發展，這一點和我們的信念相左。以手腕為依託的可穿戴產品不會引起人們的反感情緒，因為它並不會在你和我之間構成阻礙。」

未來，蘋果公司有可能推出 VR 一體機，以蘋果行動頭顯來配合最新版本的蘋果手機。當然，蘋果公司也可能獨創性地推出更為新潮的、以手腕為依託的可穿戴 VR 裝備。

此外，蘋果公司還可以在 iOS（蘋果公司為 iPhone 開發的作業系統）的基礎上，研發 VR 和 AR 的相關應用，並添加到 iPhone 的應用中，或者乾脆推出一個 VR 影片平台，讓全球的「果粉們」低成本或者免費獲取 VR 內容。

圖 4-1 所示為蘋果公司在 VR 領域的創新。

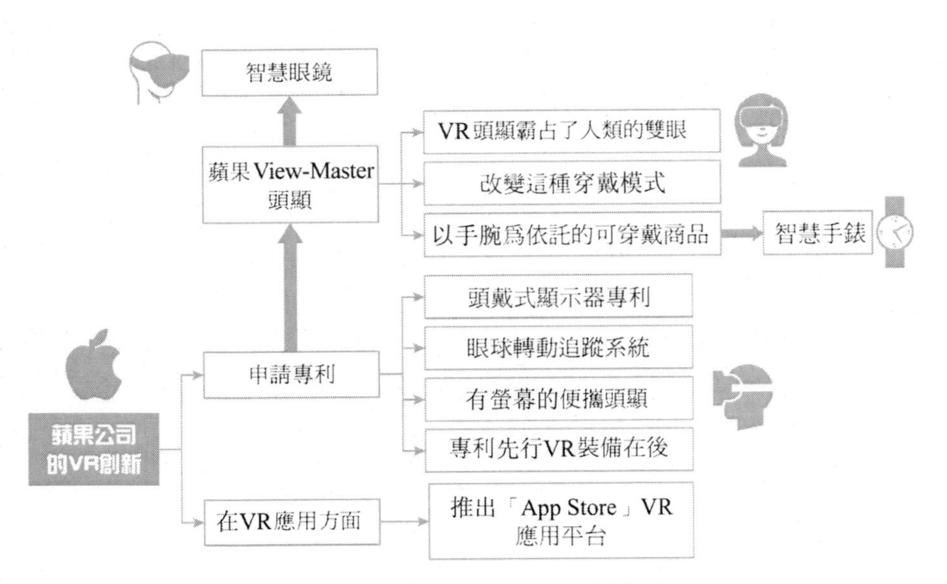

圖 4-1　蘋果公司在 VR 領域的創新

4.3 行業標準：值得參照的「七大標準」

2016年底，街頭巷尾人煙稀少、冷冷清清，一個玩家正蜷縮著玩VR遊戲——因為老闆還沒有發工資，他沒有錢出去吃喝玩樂，只能在家裡玩點另類的遊戲。可是，今天晚上好像什麼事情都不順心，這個玩家快要氣炸了。

VR聯盟誕生

這個倒楣的玩家從Oculus Store花大價錢購買的VR遊戲，居然無法使用宏達電子的HTC Vive頭顯玩。接著，他嘗試使用SONY的PS VR頭顯玩，結果也不支援。再接著，他又用了幾款山寨VR頭顯試玩一下，結果不是圖像不清晰，就是有很強的眩暈感。一夜過去了，這些互不支援的VR軟硬體把玩家折騰得半死不活。最後，他把這些亂七八糟的VR頭顯狠狠地摔到桌上，憤憤地說：「難道這些VR軟硬體就沒有兼容過嗎？」

相信很多玩家都遇到過類似的尷尬事。自從VR產業爆發以來，不論是硬體（Facebook的Oculus Rift頭顯、宏達電子的

HTC Vive 頭顯、SONY 的 PS VR 頭顯，以及三星的 Gear VR 頭顯），還是眾多的 VR 軟體、應用和內容，基本上是自立標準，無兼容性可言。

VR 廠商自立標準、自產自銷，大多是為自身的利益考慮，是一種「自我保護主義」的意識。VR 廠商在自己的掌控範圍內，搞一對一行銷，特定的 VR 頭顯，只能配合使用特定的智慧手機、VR 軟體、VR 應用和 VR 內容。客戶買了誰家的 VR 頭顯就只能還買誰家的 VR 內容，對其他廠家的 VR 內容不予支援。VR 廠商這種「消費壟斷」固然能鎖住部分用戶，但是不利於全球 VR 產業的大交流、大融合與大創新。

市場需要制定 VR 行業標準，需要更多相互兼容的 VR 產品，於是，VR 聯盟就順勢誕生了。

2016 年底，Google、宏達電子、Oculus、三星、SONY、宏碁六家公司共同宣布成立全球 VR 聯盟（Global VR Association）。

這個 VR 聯盟的宗旨就是為發展凌亂的 VR 行業確立一個清晰的軟硬體標準，各 VR 廠商都要照此標準生產和製作 VR 產品，以促進全球 VR 產業的共同繁榮。

VR 聯盟的成立，可以讓玩家省下一大筆錢。因為，對於大部分的 VR 玩家來說，要想玩多款熱門的 VR 遊戲就必須花費大量金錢購買不同廠商的 VR 設備，每款設備又只能運行各自的VR遊戲，玩家要想買一款頭顯就玩遍所有VR遊戲的「夢想」是不可能實現的。而現在，有了VR聯盟，玩家們至少可以期待，VR聯盟廠商的VR產品可以相互兼容，不再像以前那樣相互排斥了。

儘管這個VR聯盟的成員實力雄厚，幾乎可以代表大半個VR行業，但是有一家VR遊戲巨頭——Valve卻沒有參加。

這讓人們不禁聯想起，Valve公司可能像蘋果公司一樣也不喜歡參加各種各樣的「聯盟」。2016年9月，Alphabet（Google母公司）、Facebook、微軟、IBM和亞馬遜舉行了一場會談，這五家在人工智慧領域積極布局的科技巨頭打算為人工智慧制定一套成熟的道德標準，確保人工智慧有利於人類而不是傷害人類。當時，蘋果公司卻意外「缺席」了，這背後的原因都是為了自己公司的利益考慮。

現在，VR遊戲巨頭Valve公司也故意「缺席」VR聯盟，是不是Valve已經能像蘋果公司那樣厲害了，不需要聯盟的力量也能自己活得很好了？下面簡單介紹一下Valve公司。

1996年，曾經是微軟員工的加布·紐維爾和麥克·哈靈頓一同創建了Valve軟體公司。他們在1996年下半年取得了雷神之錘引擎的使用許可，用來開發《戰慄時空》電腦遊戲系列，陸續推了聞名全球的電腦遊戲，包括《戰慄時空（Half-Life）》、《絕地要塞（Team Fortress Classic）》、《絕對武力

（Counter-Strike）》、《決勝之日（Day of Defeat）》、《惡靈勢力（Left 4 Dead）》、《異形叢生（Alien Swarm）》、《傳送門（Portal）》等。

2014 年，在 VR 興起之後，Valve 軟體公司迅速推出了一個 VR 平台——Steam，積極進行 VR 遊戲布局。目前，在 Steam 平台上，用戶可以在 VR 內容專區，找到很多 VR 遊戲和一些應用。從數量上來看，VR 遊戲大概有幾百款，這些 VR 遊戲同時支援 Oculus Rift 和 HTC Vive 頭顯（由 HTC 與 Valve 聯合開發的一款 VR 頭顯）。

在 Steam 平台上銷售的 VR 遊戲價格也不貴，免費的 VR 遊戲有四十多款。從整體來看，VR 遊戲售價偏低，可見，Valve 公司為了迅速推廣 VR 遊戲，採用了網際網路免費推廣策略，打算在積累到龐大的用戶群之後，再慢慢走向付費模式。

現在，Valve 公司的 VR 部門擁有超過一百人規模的團隊。在團隊成員的共同努力下，僅 2016 年上半年，Steam 平台就上線了 296 款 VR 遊戲和應用。Valve 公司不僅有了自己的 VR 遊戲，還與宏達電子共同開發出 HTC Vive 頭顯。正所謂，左手 VR 遊戲，右手 VR 頭顯，所以 Valve 公司並不急於參加什麼 VR 聯盟，可能打算「先賺一筆再說」。

建立 VR 標準

在 VR 聯盟成立之後，由於各大巨頭之間的利益難以在短時間內調合，所以並沒有發表明確的 VR 軟硬體標準。現在，各大 VR 廠商還是自定標準、各自為戰。在 PC 端市場主要有 Oculus、蟻視等廠商，在遊戲主機端主要有 SONY 頭顯（PS VR）和斧子 VR，在行動智慧手機頭顯方面，有三星的 Gear VR 行動頭顯、華為 VR 行動頭顯，還有安卓一體機，如 Pico Neo VR 一體機、大朋 VR 一體機。

由於 VR 軟硬體不兼容，用戶需要花更多的錢來購買更多的裝備才能玩到更多的 VR 遊戲，這無疑增加了 VR 的體驗成本，此舉不利於 VR 全球化。VR 全球化需要一種可以暢通無阻的行業標準，就像國際標準化組織（ISO）那樣，透過制定國際標準來協調世界範圍內的標準化工作。很顯然，VR 聯盟也很想朝這方面努力，只是有些公司（例如 Valve 公司）出於自身利益的考慮，並不願意參與。

圖 4-2 所示為 VR 聯盟與 VR 行業標準結構示意圖。

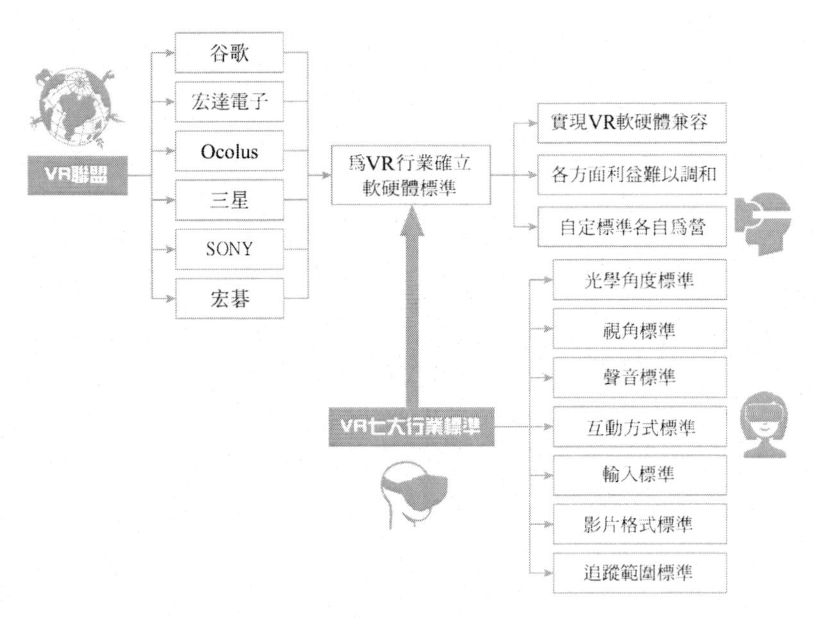

圖 4-2　VR 聯盟與 VR 行業標準

4.4 VR 廠商：構建全球 VR 產業版圖

國外 VR 廠商：VR 產業更加細分

國外 VR 廠商大致可分為六類。

第一類，設備類

- Oculus VR——最早的 VR 設備生產商之一，被 Facebook 高價收購。
- HTC Vive ——與 Valve 公司合作聯手推出 Steam VR 的 VR 平台。
- SONYPS VR ——SONY 旗下的 VR 頭顯，將兼容 PS4 的 VR 平台。
- Gear VR——三星旗下的 VR 頭戴式顯示器。
- GoogleCardboard——使用智慧手機的低端 VR 系統。
- Star VR——QHD 分辨率和超寬視野的頭戴設備。
- Visbox ——Cave 展示系統（沉浸式 CAVE 投影系統，用於將整個屋子打造成虛擬實境場景）。
- FOVE ——世界首款眼球追蹤 VR 頭盔。

- Sulon 科技公司——一個同時擁有 VR 和 AR 技術設備的公司，在國際消費類電子產品展覽會的平視顯示系統類別中拔得頭籌。

第二類，操控類

- Virtuix Omni ——是 Virtuix 公司開發的一款全向跑步機，配合 Oculus 使用。
- Nod Labs——VR 操縱器和跟蹤裝置。
- VirZOOM ——將靜態的腳踏車當做 VR 操縱器，隨著腳踏頻率的加快甚至還可以飛行。
- Leap Motion（厲動）——VR 的體感控製器。
- Oculus Touch 手把——由 Oculus 公司傾情打造。
- Sixense ——無線運動追蹤操縱器。
- Valve Controllers 操縱器——由 Valve 公司生產，為 HTC Vive 量身打造。
- Cyberith ——具有全向跑步機功能的設備。
- Tactical Haptics ——沉浸式遊戲手把。
- Control VR ——使用用戶的雙手和全身運動代替鍵盤來操控的設備。
- Pebbles Interfaces ——開發手勢追蹤技術，被 Oculus 公司收購。

第三類，相機、三 D 投影技術類

- Jaunt VR ——專業級別的三百六十度 VR 攝影機，支援環景拍攝，能將四周的場景全部錄製下來，用來製作 VR 影片。
- OTOY ——用於創建、渲染、展示三維環境的全方位系統。
- Structure.io ——透過智慧手機捕捉三維環景。
- HOVER.to 盤旋——透過智慧手機製作三維模型。
- Kolor ——將二維圖片和影片轉製成三維環景影片。已被 GoPro 收購。
- Video Stitch 影片拼接——Video Stitch 注於開發影片拼接軟體，用於實現直播 VR。
- Matterport 金色港灣——在虛擬實境中重建真實世界環境，還原真實景象。
- Panorics ——開發完全沉浸式三百六十度影片技術和產品。

第四類，開發者工具類

- Unity ——開發平台，支援 VR 的開發。
- Unreal Engine ——遊戲開發平台，支援 VR。
- World Viz ——開發 Vizard VR 工具包。
- Game Works VR ——由輝達公司提供的開發者平台。
- OSVR ——為 VR 提供的開源硬體和軟體平台。

- High Fidelity——部署 VR 空間的開源軟體。

第五類，內容類（製作 VR 體驗、遊戲）

- Insomniac Games——成立於 1994 年的遊戲工作室，基於 Oculus 的產品和技術研發 VR 遊戲。
- Ubisoft——老牌遊戲廠商，代表作有《刺客教條》，第一款 VR 遊戲是《鷹戰 X》。
- CCP——《星戰前夜》開發商，研發了共享世界觀的 VR 遊戲 Gunjack。
- Carbon Games——VR 遊戲作品有 Air Mech。
- Climax——VR 遊戲作品有 Bandit Six。
- Ready at Dawn——《戰神》系列遊戲開發商，正在為 Oculus 開發獨占遊戲。
- Otherworld Interactive——VR 遊戲作品有 Nimbus Knights，為 HTC Vive 獨占遊戲。
- Square Enix——VR 遊戲作品有 Hitman Go，為三星 Gear VR 獨占遊戲。
- Totwise——VR 遊戲作品有 The Hum：Abductions。
- Reload Studios——製作 VR 遊戲的獨立工作室。

第六類，社交網路、內容平台

- Littlstar——VR 內容集成。
- Wear VR——為 VR 體驗而開發的內容平台和應用商店。

✽ Altspace VR——提供在 VR 中與網上其他人互動（各種節目、演唱會、電影）的體驗。

✽ Emergent VR——用戶原創的 VR 內容。

從全球 VR 產業版圖可以看到，在 VR 硬體、軟體、內容、應用、平台等領域都已有專門的廠商在專研。不論這些 VR 廠商專注於哪一個方面，只要堅持創新、研發出適銷對路的 VR 產品，就不會關門大吉；只要用心做好用戶體驗、提升 VR 產品的沉浸感，就不會被歷史發展的洪流所淹沒。

圖 4-3 所示為全球的 VR 產業版圖示意圖。

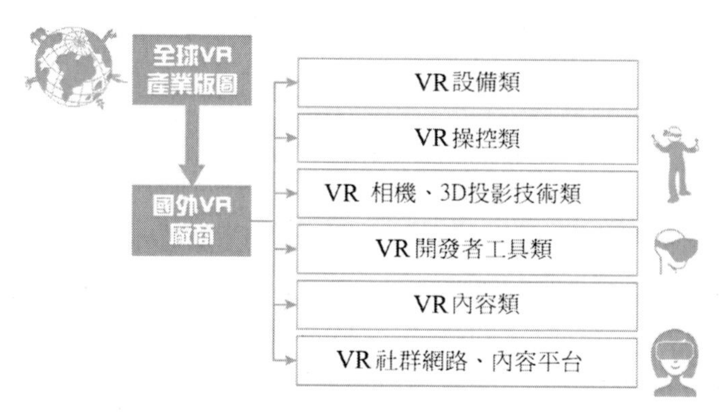

圖 4-3　全球的 VR 產業版圖

4.5 真正的 VR 設備：需要解決三大問題

人們在使用幾乎所有的 VR 設備時都會有不舒服的感覺，這是因為諸如立體影像和適應性等因素引起的。這是一種聚焦反射，也就是眼球的晶狀體需要改變以便在視網膜上形成聚焦。

——輝達研究調查資深總監　大衛·利布基

2016 年的一天，有個玩家懷著激動的心情打開了一個 VR 一體機的包裝，打算看小短片。因為他沒有錢買高檔的 PC 頭顯和行動頭顯，所以只能買一個山寨的 VR 一體機。這個玩家只看了半個小時，就看得頭昏腦漲，強烈的眩暈感讓他搖搖欲墜，胃裡的東西像在翻江倒海了。

他不得不摘下 VR 一體機，喘了一口氣說：「真是便宜沒有好貨！比暈車還難受！」

歇了一會兒，玩家又戴上 VR 一體機開始體驗 VR 遊戲。結果玩著玩著，他發現 VR 一體機越來越熱，好像給雙眼蓋上兩個火罐一樣。玩家連忙摘下 VR 一體機，去照了照鏡子，發現自己的雙眼周圍有兩圈紅色的印記。這就是他玩山寨 VR 一體機的後果！

光場立體鏡，讓 VR 更自然

那麼真正的 VR 設備用戶體驗是怎麼樣的呢？真正的 VR 設備，一般穿戴起來輕便舒服，使用時沒有明顯的眩暈感，而且沉浸感較好，例如 Oculus Rift 頭顯和 HTC Vive 頭顯。

真正的 VR 設備需要解決三大問題，首先是眩暈感和散熱問題，其次是網路流量問題，最後是沉浸感問題。

為了解決 VR 設備帶給用戶的眩暈感，輝達與史丹福大學展開了合作，開發出一種新型的顯像科技，叫做光場立體鏡。這種技術能夠應用於聚焦反射，可以幫助 VR 設備改善投影效果。

在具體方案中，他們提出頭戴式設備需要使用雙層顯示器以創造足夠的景深。景深是個專業術語，是指焦距對準一點時，前後圖像仍清晰的範圍。

輝達研究調查資深總監大衛·利布基（DavidP Luebke）說：「人們在使用幾乎所有的 VR 設備時都會有不舒服的感覺，這是因為諸如立體影像和適應性等因素引起的。這是一種聚焦反射，也就是眼球的晶狀體需要改變以便在視網膜上形成聚焦。」

為了驗證自己的研究是正確的，輝達和史丹福大學的研究者研發出一台原型 VR 頭顯。這個 VR 頭顯具有兩層疊加的目鏡，就好像將兩個 Oculus Rift 疊加在一起。他們聲稱，透過這種創新型疊加顯示器，可以將 VR 影片光場變成自然光場，用戶看 VR 影片就像在真實世界裡看東西一樣，從而降低了 VR 的眩暈感。

實踐證明，這種疊加顯示器雖然讓 VR 影片的畫面更加自然、更加舒適，但是也會增加 VR 頭顯的重量，未來還需要在製作材料方面有所創新。

我們知道，在使用 VR 頭顯的時候，裡面的處理器會高速運行，要展示更高清的圖像，還要進行頭部動作追蹤和快速處理各種數據以降低延遲。所以，在 VR 頭顯運行時，裡面的處理器會越來越熱，需要不斷地降溫，就像 CPU 運行時需要風扇散熱一樣。

所以，現在有不少 VR 廠商發揮自己的聰明才智，發明了很多降溫小設備。例如 VR 散熱風扇，它的散熱原理和筆記型電腦上的散熱底座相同，將它套在 VR 盒子的面蓋上就可以有效散熱。此外，還有冷敷眼罩、吸汗網、散熱孔等小裝備也能造成一定的降溫作用。未來，VR 廠商還會透過新工藝和新技術來解決 VR 頭顯的散熱問題。

在解決了 VR 設備的眩暈感和散熱問題之後，剩下的問題就是解決網路流量和沉浸感的問題了。因為眾多 VR 玩家已經被「山寨 VR」「偽沉浸感」折磨很長時間了，他們都在期待能體驗到更好的沉浸感。

等角立方投影，讓 VR 省流量

古往今來，無數的繪圖大師都想真實地還原世界，並做了很多創新與嘗試。在 IT 時代，人們可以在電腦裡繪製二維圖像、製作三維遊戲；在 VR 興起之後，投影技術還沒有來得及升級跟進，所以現在大部分的 VR 影片也只能在平面的螢幕上展現出三維世界。

為了讓用戶獲得更好的沉浸感，VR 影片清晰度的要求越來越高，要求的頻寬流量也越來越大，尤其是行動網路。因為用戶在觀看 VR 影片的時候，要傳輸的是整個空間的變化、環景三百六十度的圖像，而不是僅僅一小塊圖像的變化，此外聲音場的傳輸也會讓數據流量翻倍。隨著 VR 產業的發展，對頻寬流量（網速）的要求也越來越高，這就使得很多手機和網路環境不支援 VR 頭顯運行。

2017 年 3 月終於有好消息傳來了。YouTube（世界上最大的影片網站）和 Google 白日夢（Daydream）團隊正在進行深度合作，可以在現有的網速下，讓三百六十度影片和 VR 影片能夠表現得更好。

他們合作的重點項目，就是改善投影方法，讓三百六十度的虛擬世界視角能夠符合組成現有 VR 系統的矩形影片表面。在過去，Google 採用「自適應均衡投影」（EQ 投影）方法來進行投影，這種方法實現起來十分容易，並且還可以輕鬆編輯。一般情況下投影機有「動態」「影院」「黑板」等模式，「自適應均衡投影」方法就是將各項參數調到比較均衡的一檔。

不過 EQ 投影也有一些不足，這種方法通常會在畫面頂部和底部產生品質較高的圖像，而在中央區域畫質卻非常低。為了解決圖像的畫質問題，合作團隊採用了利用立方貼圖上的變化來投影三百六十度影片的技術，簡稱「等角立方投影」，即在立方體貼圖上取一個球體將其變成一個立方體，然後將立方體的六個面投影成一個平面圖像。

「等角立方投影」本質上來講就是透過飽和貼圖來解決像素密度不均勻的問題。這個過程很有技術含量，其結果就是能夠保證畫面的中間有較高的畫質。

他們透過這個辦法改善了 VR 圖像的品質，可以讓 VR 影片在目前有限的網路情況下變得更加真實，讓用戶的沉浸感更好。「等角立方投影」技術可以讓用戶在 YouTube 平台上觀看三百六十度影片和 VR 影片時，不需要消耗過多的寬頻流量。

體驗視覺、聽覺、觸覺和嗅覺

至於沉浸感方面，科學家們一直在虛擬世界中追求真實的感覺。Oculus 的首席科學家麥可·阿布拉斯（Michael Abrash）曾經對未來 VR 的發展有個預測，他認為 VR 的發展將會集中在更真實的視覺、聽覺和觸覺的體驗上。但是他還忽略了一個重要的體驗，那就是嗅覺。

現在，中佛羅里達大學（University of Central Florida）的科學家本森·牟陽（Benson Munyan）正在抓緊研究氣味和 VR 技術的結合。他的主要研究方向是讓退伍士兵戴上 VR 頭顯，幫助他們克服戰爭所帶來的創傷記憶。

本森·牟陽和同事們製作了一個 VR 體驗，讓體驗者在黑暗的房間裡找鑰匙。在這個黑暗的房間裡，他們還安裝了一個鞋盒大小的金屬盒——「氣味調色盤」。它能在 VR 遊戲的過程中散發出不同的味道：如撞車著火時的煙味、翻倒的垃圾桶的味道，或是棉花糖和爆米花的香味等。

他們在實驗中發現，在加入味道後，體驗者在黑暗環境裡四處走動，能體驗到更強的現實感，如果拿掉氣味則會讓現實感大打折扣。

但是如果在房間裡注入過多種的氣味，體驗者最終聞到的是一種濃郁的雜合型怪味。在長時間的測試後，本森·牟陽說：

「房間聞起來有煙味、垃圾味、柴油味，或是各種混合在一起的味道，這樣才像真實的環境。」

可見，氣味的變化也需要和 VR 場景同步，例如體驗者看到大火，就能聞到燒焦的味道。

目前，有些公司已經在解決氣味變化與 VR 場景同步的問題。Olorama 是一家位於西班牙瓦倫西亞的公司，他們生產的裝置可以把最多十種味道快速地傳達給戴 VR 頭顯的用戶。這些氣味包括糕點味、火藥味、血腥味、燒橡膠味等。所有氣味由自然物質中提取，這樣做的目的是為了讓用戶的體驗感更加真實。

隨著 VR 科技日新月異的發展，用戶的體驗感也會變得越來越好。輝達與史丹福大學合作開發出光場立體鏡，已經讓 VR 影片變得更自然；YouTube 和 Google 白日夢透過研發等角立方投影，已經讓 VR 影片更省流量；還有，中佛羅里達大學的科學家也在積極研究自然氣味與 VR 技術的結合。

世界上眾多科學家和研究人員所做的這一切，都是為了能讓用戶獲得最好最真實的沉浸感。未來，在人類戴著 VR 頭顯進入 VR 世界時，會有視覺、聽覺、觸覺和嗅覺的感觸，就像在真實世界中一樣。

圖 4-4 所示為 VR 設備需要解決的三大問題。

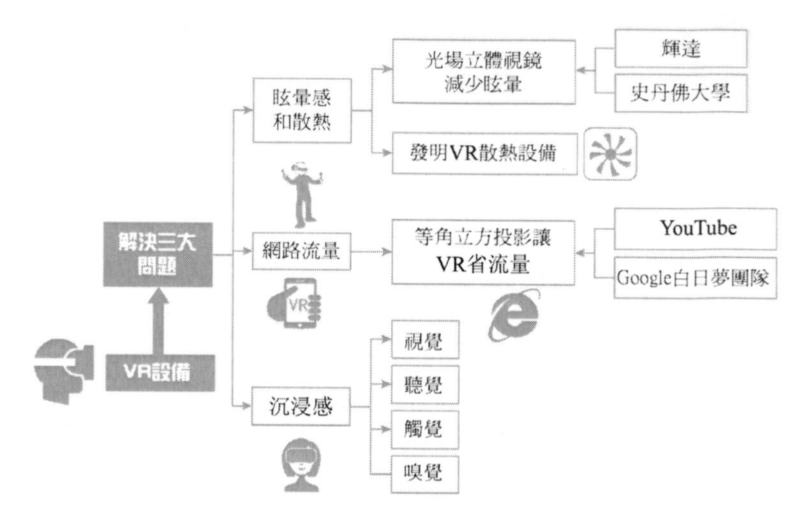

圖 4-4　VR 設備需要解決的三大問題

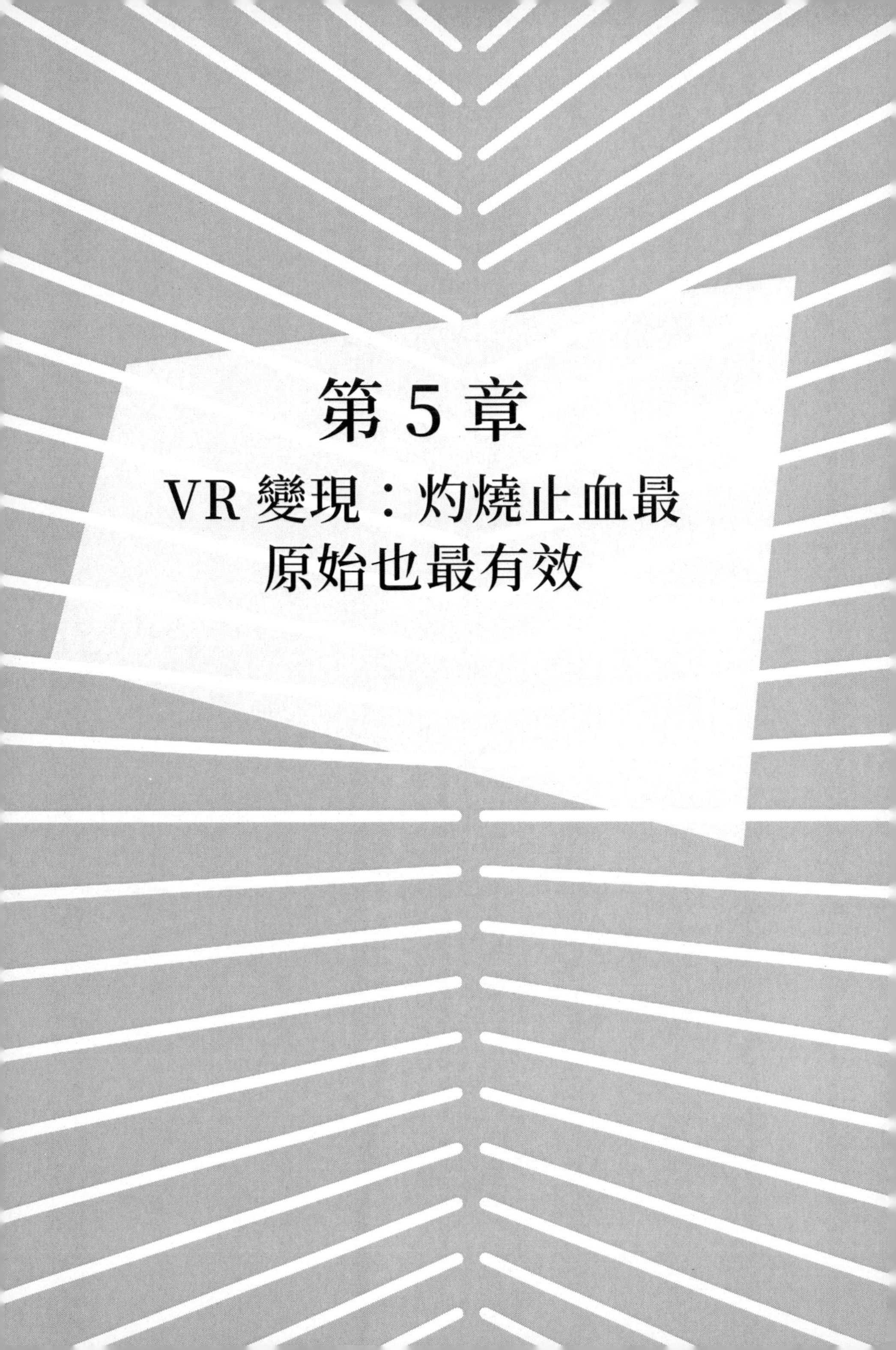

第 5 章

VR 變現：灼燒止血最原始也最有效

5.1 實體體驗店：成為最快的變現方式

2015 年的一天，一艘人類飛船的母艦，緩緩接近木星的第六顆衛星。

由於地球爆發了核戰爭，很多地方都遭受了核汙染，變得滿目瘡痍、異種橫行，人類再也無法安全居住。科學家們經過苦苦尋求，終於找到了第二個適合人類居住的星球，那就是木衛六。

木衛六的大氣層及岩體中有著豐富的碳化合物，極可能孕育生命，但是不含氧氣。所以，人類科學家和武裝部隊要在這裡開疆拓土，想辦法種植森林、製造氧氣、恢復生產、繁衍後代，建立人類新的家園。

VR 影視主題樂園

在母艦進入木衛六的預定軌道之後，馬上啟動傳輸室裡的傳輸裝置。「呼呼」作響之後，大批科學家和武裝部隊已被傳輸到木衛六的殖民基地。

當科學家踏上木衛六之後，他們開始審視這個新世界。這裡有一片由甲烷構成的無色海洋，不遠處還有一個巨大的紅色木星環，那裡布滿了紅色的塵埃，受此影響木衛六的整個天空呈現出漂亮的緋紅色，跟地球的藍色天空絕然不同。這裡大氣稀薄，要想正常呼吸必需配備給氧設備。

當新一批科學家和武裝部隊到達殖民基地後，從木衛六地底突然湧出很多不明生物，它們像螞蟻一樣黑壓壓地湧向木衛六的人類殖民基地。戰事一觸即發，人類武裝部隊用雷射槍、雷射炮與外星生物展開大戰，用自己的血肉之軀「拯救未來世界」……

這就是高能視界 VR 影視主題樂園的 VR 體驗項目——《戰 2156》。

2016 年 8 月，亞洲最大 VR 體驗影視娛樂主題樂園正式投入營運，占地 1800 多平方公尺。該主題樂園解決了 VR 產業自由移動、多人互動等最複雜的技術難點，將 VR 技術與電影、電視、欄目等 IP（知識產權）緊密結合起來，讓 VR 體驗內容有了劇情、有了參與感。

從此，他們將 VR 影視主題樂園與旅遊區、電視媒體結合起來，以增強項目的變現能力。

三種 VR 變現業態

下面分析一下現階段的三種 VR 變現業態。VR 變現業態指的是針對 VR 用戶的體驗需求，商家為了盡快變現、回收成本，選擇不同的商品經營結構、店鋪位置、店鋪規模、店鋪形態、價格政策、銷售方式、銷售服務等經營手段。

第一種，10 ～ 20 坪的體驗店

這種體驗店投資小，變現快。例如，在香港的一些網咖中，店老闆把宏達電子 HTC Vive 頭顯設備搬入到自己的網咖中，開闢了 VR 遊戲區，讓用戶體驗 VR 遊戲。每台頭顯按小時收費，240 港幣一小時。

國外廠商 Positron 開發了一款名為 Voyager 的 VR 蛋椅。這種椅子內置了多個感測器和震動、觸覺回饋模組，能夠支援旋轉、傾斜、上升下沉等功能。當用戶觀看的電影出現墜機情節的時候，Voyager 蛋椅會進行三百六十度旋轉模擬高空墜落受氣旋推動的效果，同時還會觸發觸覺裝置，給用戶帶來失重、飛機快速下降的錯覺。當用戶戴上 VR 眼鏡之後，是不會感覺到椅子移動的，也不會知道蛋椅觸發了觸覺回饋系統，一切沉浸效果都來得非常自然，不會讓用戶產生眩暈感。

這種蛋椅 VR 體驗店的優勢在於運作成本低，所需場地較小、管理人員較少。只要在人流大的地方，安裝幾個蛋椅，配

備幾個 VR 頭顯，以及簡單的 PC 外設就可以開業營收。這種體驗店只需要 10 ～ 30 萬元的成本，但是可以覆蓋最大量的用戶。用戶只要花幾十元錢就可以體驗一次 VR 內容，價格既親民又公道。

不過，這種體驗店也有缺點，就是通常只能讓用戶體驗一些簡單的遊戲，更多時候只能看 VR 影片，而且圖像不一定清晰，也沒有互動可言。所以，很多用戶在蛋椅上體驗了什麼是 VR 之後，一般不會再去體驗第二次，因為用戶會覺得「傳說中時髦的 VR 技術也不過如此」，就是環景圖像，加一點立體聲和震動效果罷了。

第二種，200 ～ 500 平方公尺的「虛擬娛樂中心」

「虛擬娛樂中心」（VEC）是由美國 The Void 公司率先推出的 VR 實體體驗中心。「虛擬娛樂中心」目前仍處於開發階段，唯一的體驗地點在 The Void 公司內部，美國猶他州的鹽湖城。

玩家可在特定的場地內佩戴 VR 頭顯及其他設備進行體驗，從而將虛擬世界與現實世界連接在一起。如果玩家在虛擬世界中需要去按一個按鈕，那麼在現實的場地中也會有一個按鈕讓玩家觸碰，這會讓 VR 體驗的真實感更加強烈。

趁著 VR 這個風口，「虛擬娛樂中心」也拓展到了世界的其他地方，如澳洲墨爾本市的 Zero Latency（零延遲）、廣州市的超級隊長互動體驗街等，都是此類「虛擬娛樂中心」。

相比於小型體驗店，「虛擬娛樂中心」的優勢在於，可以組團玩 VR 遊戲，用戶可以不受約束地體驗 VR 的內容，還可以穿戴 VR 裝備在空間內自由行走。

例如在 Zero Latency 遊戲中，玩家來到世界末日，那裡殭屍占領了城市。用戶和其他隊友空降在一幢保存著抗病毒血清的實驗大樓邊，他們一路從結構複雜的地下涵洞殺到擁擠狹小的樓頂，最後於樓頂與殭屍大決戰中殺開一條血路，最終回到營救他們的飛機中去。用戶在 VR 遊戲中走過橋時，真實環境中也有相應的物理模擬裝置，讓用戶有真實的被橫風吹得搖搖欲墜的感覺。

還有，在超級隊長互動體驗街中，有一塊區域可以實現玩家小範圍自然行走的內容，同時還提供了一款機甲類互動體驗遊戲。

這種「虛擬娛樂中心」既有優勢也有風險。相對蛋椅體驗店而言，這種模式的投入成本很高，並且風險大。每套設備包含集成在背包裡的電腦、槍、頭盔、立體聲耳機四個部分，其定位技術集成了 129 個 Play Station Eye（SONY 開發的體感控製器）光學探測設備，綜合硬體成本最少要五百萬。這類「虛擬娛樂中心」每月利潤在二十萬元左右，投資回收週期長達二十多個月，投資風險相對較大。

第三種，500 平方公尺以上的「主題樂園」

用戶可以在 VR 主題樂園裡，化身為《星際大戰》《星河戰隊》《侏儸紀公園》裡的主角來拯救人類，升級打怪。

為了讓用戶的體驗感更好，增加回頭率，提高盈利水準，VR 影視娛樂主題樂園配置了 Oculus 的高檔 VR 頭顯，同時透過與熱門電影 IP（知識產權）合作，為玩家提供更豐富、更精彩的 VR 遊戲、VR 影視劇情。

VR 影視娛樂主題樂園占地面積大，投資也大，所以需要一個很好的商業模式才能支撐其良性發展。當前最好的商業模式就是門票分成。不論是 VR 主題樂園，還是 IP 內容版權方都能獲得來自遊客購買門票的分成，對於主題樂園來說可以避免高價 IP（知識產權）購買成本帶來的風險，對於 IP 版權方來說也能讓 IP 獲得源源不斷的收益。

VR 影視娛樂主題樂園的變現方式除了門票分成之外，還可以成為獨立版權，由 VR 劇情遊戲變成網路劇和大電影，以增漲 VR 主題樂園的人氣。也可以朝著網路劇、大電影等領域發展，將其拍成網路劇和大電影。

不論是哪一種變現模式，只要經營者用心去經營，使沉浸感更好，都可以實現持續經營，因為玩家是多樣化的，需求也是多層次的。例如有的玩家可以在逛街的時候，到商場體驗一把普及版的 VR 蛋椅，也有的玩家會在週末叫上親朋好友組團到「虛擬娛樂中心」玩，當然也有玩家會帶上一家人去 VR 娛樂主題樂園渡假，以盡情地體驗各種 VR 技術。

圖 5-1 所示為現階段的三種 VR 變現業態。

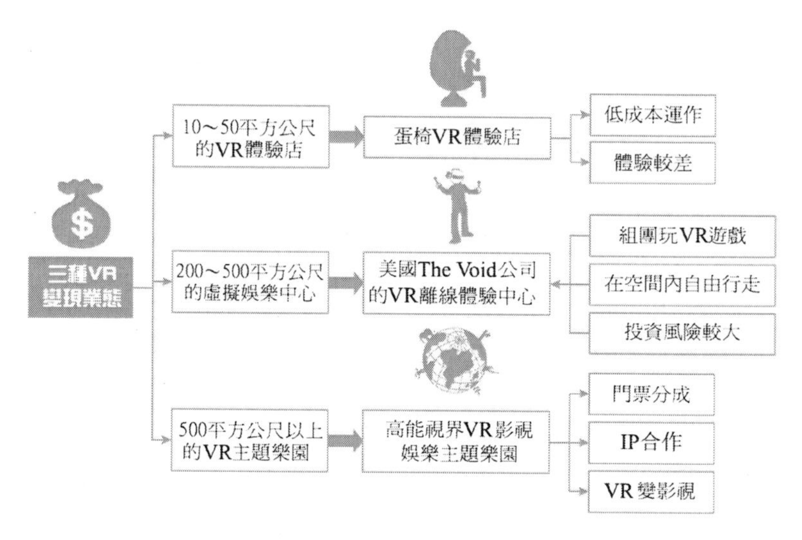

圖 5-1　三種 VR 變現業態

5.2 變現三套車：O2O+B2C+V2R

2016 年 7 月的一天，美國矽谷，驕陽當空，大地一片欣欣向榮。史丹福大學還是原來那個史丹福大學，電子王國還是原來那個電子王國，只是裡面的創業公司卻如大浪淘沙一樣，不斷上演優勝劣汰的故事。

創業明星淪為騙子

美國 VR 與 AR 創業明星公司——Skully 公司正面臨滅頂之災。由於公司產品遲遲無法變現、資金鏈斷裂，Skully 公司的官網關閉，公司關門，Skully 的 CEO 和聯合創始人馬庫斯·韋勒（Marcus Weller）被迫離開公司。

馬庫斯·韋勒為 Skully 公司付出了很多，但最後還是不得不含恨離去。

2013 年，Skully 公司在美國矽谷創立，開發者把增強 VR 和 AR 技術融合到摩托車頭盔上。當騎手戴著這個摩托車 AR 頭盔上路時，頭盔正前方透明擋風板的智慧浮動螢幕透過藍牙連接手機後，可為騎手提供導航和路況提醒等功能。

摩托車頭盔的後部還內置了一顆超廣角網路攝影機，可以將身後的車輛和交通情況實時傳遞到前方的智慧浮動螢幕中，從而讓高速行進的騎手及時躲避突發的危險。聽起來，這個產品既科幻又新潮。

馬庫斯·韋勒靠著這個摩托車 AR 頭盔的概念和原型機，在美國群眾募資網站 Indiegogo 上成功籌集到兩百多萬美元的資金，成為名副其實的創業明星。很快 Intel、Riverwood、EastLink 等多家機構又對 Skully 公司進行了 A 輪風險投資。有人分析稱，這種摩托車頭盔的發展潛力將超過 Oculus Rift 頭顯。

不過，Skully 公司接下來的發展並不順利，因為它只有概念和原型機，並沒有真正的產品可以變現。日子一天一天過去，而 Skully 公司燒錢的速度也越來越快，像公寓房租、商務旅行、租用豪車、沙龍活動等樣樣都在花錢。

就這樣，錢燒沒了也籌不到後續發展的錢，Skully 公司走到了盡頭。Skully 公司突然對外宣布關閉，有三千個在群眾募資網站預定了頭盔的用戶最終拿不到他們支援的「摩托車 AR 頭顯」，也無法拿到退款，所以這些用戶紛紛譴責 Skully 公司是「創業騙子」。

VR 產業興起之後，有一大批創業者盲目跟風、參與其中，但是很多創業公司都賺不到錢。賺不到錢就只有兩條出路，要麼繼續融資，要麼倒閉。

有統計數據顯示，2016 年，美國有一半 VR 從業者賺不到錢。所以 VR 創業者也不要再做那些一夜暴富、不著邊際的美夢了，還是應該回歸商業實質，做好產品和內容，不斷提升沉浸感，找到 VR 變現的好方法。

VR 的變現模式

目前，已經存在的 VR 變現模式主要包括以下三種。

第一種，O2O 模式，即線上 VR 平台和實體體驗店

目前，已經有很多 VR 社交平台、內容平台、應用平台上線營運，包括 LittleStar 分享 VR 影片網站、Wear VR 應用商城、Emergent VR 行動內容平台等。這些平台，主要透過流量廣告、下載 VR 內容來賺錢。體驗店包括 VR 體驗店、「虛擬娛樂中心」和「主題樂園」等，主要靠門票獲得收入。

VR 創業者要想獲得收益，必須要做好內容，然後將 VR 平台和體驗店結合起來，做 O2O 模式（線上與實體相結合）。這樣，用戶可以在 VR 平台上下訂單，然後到門市完成體驗，就像現在的 Uber 平台一樣，在手機 APP 上下好訂單，然後在現實中搭車。

第二種，B2C 模式，即用戶在網上購買和租賃（VR 硬體）

目前，VR 行業大部分收入（約有 60%）來自 VR 硬體銷售，包括 VR 頭顯、三百六十度相機、環景攝影機等設備。像 Oculus、HTC 和 SONY 等 VR 頭顯廠商，都希望玩家直接在廠商自己的網站購買 VR 頭顯，當然用戶也可以在百思買或者 eBay 等線上或實體商場來購買。所以，VR 創業者要盡快拿出像樣的產品，有了產品才能銷售，有了銷售才有收入，收入才是真正的變現。

第三種，V2R 模式，作虛擬世界和現實世界的連接服務

VR 購物，可以讓用戶在一個虛擬商店裡挑選商品、觀看模特兒的展示，然後在真實世界中收到相應的貨物。還有，義大利 inVRsion 公司推出的一款新 VR 購物應用——貨架地帶（Shelf Zone），用戶戴上 HTC Vive 頭顯之後，就能在虛擬超市裡購物。這款應用具有實時位置監控功能，用戶可以看到自己在超市內的位置，對於比較遠的距離還可以使用「瞬移」功能到達。

VR 購物就是一種虛擬世界和現實世界的連接服務。在醫療方面，也有人在做 VR 培訓服務。宏億科技就專注於提供醫療 V2R 服務，向專業醫師提供包含術前、術中、術後一整套的 VR 解決方案，包括 VR 立體影像互動、手術中 VR 直播、術後進行量化評估等技術。

關於變現的方法，宏億科技 COO 李毅分析道：「我們有團隊，包括軟體、硬體開發團隊，還有醫療的專家。我們可以透過不斷積累醫療手術方面的培訓案例，VR 化後形成資料庫，賣給醫院，收取年費、培訓費。」

不論是 VR 購物還是 VR 看病，都是提供虛擬世界與現實世界的連接服務，要將先進的「VR 科技」變成「滿足用戶需求」的服務。所以，VR 創業者要從高高在上的、虛無縹緲的遠大夢想落實到為社會解決問題的層面上，要利用 VR 技術做好服務，才能獲得生存的後續資金。

O2O+B2C+V2R 可以說是 VR 變現模式的三套車。做線上 VR 平台的創業者需要實體體驗店，做 VR 硬體和內容的也需要消費者買單，做虛擬實境技術的也要做好連接服務，讓虛擬世界接連真實世界、解決社會問題，這樣才能掙到錢，生存下去。

VR 創業者千萬不要像創業明星 Skully 公司那樣盛極而衰。他們靠概念和原型機拿到了群眾募資和風投的錢，就以為是成功了。在拿到錢之後，他們並沒有快速推出真正的產品和服務，缺乏自我造血能力，結果錢燒沒了，公司也只能走向破產。

圖 5-2 所示為 VR 的三種變現模式。

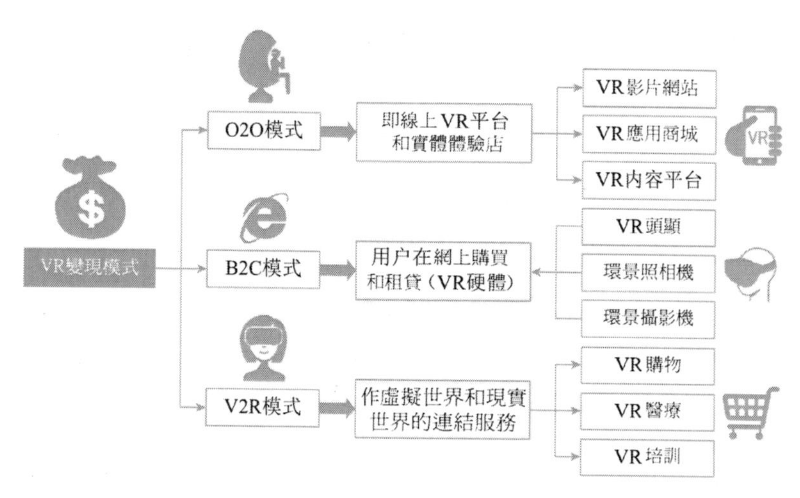

圖 5-2 VR 的三種變現模式

5.3 拓寬應用場景，讓 VR 無處不在

我們把操作員「放入」到宇宙、空間站等仿真環境內，即便操作員只有滑鼠、鍵盤操作，也能夠輕易地了解他所處的環境。這樣他們不需要大量的訓練也能夠快速地熟悉機器人操作流程，並且能夠更快更直接地進行操作。

——NASA 噴氣推進實驗室軟體工程師　加勒特·約翰遜

在將來的某年，人類無人飛船在火星表面安全著陸。這裡環境比人類想的還要惡劣得多，到處都是沙丘、礫石和橘紅色的赤鐵礦。這裡的大氣以二氧化碳為主，既稀薄又寒冷，人類根本無法呼吸，還有各種各樣的沙塵懸浮顆粒在漫無目的漂來漂去，大規模的沙塵暴隨時都有可能發生。

用 VR 操控機器人

「哧——」的一響，無人飛船的艙門打開了，NASA（美國國家航空航天局）的機械太空人二號從飛船裡走出來，在火星上留下了機器人的腳印。

這位機械太空人二號是一款人形機器人，它擁有硬朗的身軀和強勁的四肢。地面控制中心的科學家透過長期的 VR 訓練已經可以隨心所欲地控制這個大塊頭的行動了。很快，機械太空人二號要進行太空行走項目了，地面科學家透過轉動它的眼睛實現周圍環境的觀察，然後透過「意念頭盔」和 VR 遙控器操作它。

機械太空人二號一步一步地完成人類的行動意圖，先是在火星上漫步，然後採集一些礦石用於研究。這時天邊轟隆作響，巨大的沙塵暴突然襲來，就像惡龍一樣要捲走火星上的一切。地面的科學家馬上操控機械太空人二號緊急避險，逃回無人飛船，但是地球與火星的距離很遠，地面科學家發出的任何指令，機械太空人二號接收都會有所延遲。結果，機械太空人二號被沙塵暴吹得渾身是沙……

這就是 NASA 和 SONY 公司合作藉助虛擬實境技術，在 2015 年底推出的機器人太空行走項目。藉助 VR 技術，他們可以操控仿人機器人到達各種各樣危險的環境，比如深海、外太空、核汙染重災區等地方。

經過多年研究，NASA 在數位控制探測器、仿人機器人與火星車技術上擁有相當多的經驗。不過，他們也遇到一個問題，就是怎樣才能更高效、更直觀地操控這些仿人機器人，讓它們做一些人類做不到的事情。在 VR 興起之後，NASA 找到了最佳的解決方案，那就是利用 VR 技術，為科學家操控機器人提供仿真操作。

NASA 噴氣推進實驗室的軟體工程師加勒特·約翰遜說：「我們把操作員『放入』到宇宙、空間站等仿真環境內，即便操作員只有滑鼠、鍵盤操作，也能夠輕易地了解他所處的環境，這樣他們不需要大量的訓練也能夠快速地熟悉機器人操作流程，並且能夠更快更直接地進行操作。」

由於外太空與地球的距離很遠，所以對機械太空人二號的操作的延遲是相當長的。在地球人看來，在火星上執行任務的機械太空人二號簡直是一個「超級慢的機器」。

地球與火星的最近距離約為 5500 萬公里，最遠距離超過四億公里。如果地球的科學家透過電磁波的方式傳輸一串命令給機械太空人，要用三分鐘到二十多分鐘，平均也要十多分鐘。也就是說，地球上的科學家發布一個命令，要等上這麼多時間過後，火星上的機械太空人二號才開始「行動」。

雖然延遲是擺在科學家面前的巨大挑戰，但是總比把人類直接放到火星上去冒險要好很多。例如火星上隨時會出現的沙塵暴，即使操作有所延遲，這個笨重的機械太空人二號也不會像輕飄飄的人類那樣容易被吹走。

用 VR 操控世界

人類除了用 VR 技術操控外太空的機器人之外，還有更多更廣泛的應用。只要人類不想親自出現的地方，都可以用意念、用 VR 技術操作機器人去探索、去體驗、去操控世界。

就像科幻巨製《阿凡達》電影裡所描述的那樣，在潘朵拉星上，下身癱瘓的海軍上將，利用複雜的可穿戴設備收集腦電波訊號，並且用這些訊號操控著人造的阿凡達，打入敵軍內部執行「間諜竊取情報」等高級任務，甚至還可以與土著部落的女將領談情說愛……

有了 VR 技術，人類不必「親力親為」，只要戴上頭顯就能操控世界。

在太空體驗方面，NASA 曾經將 Oculus Rift 頭顯與 Virtuix Omni 虛擬實境滑步機結合，仿造出好奇號漫步者，創造了新的火星表面模擬器，讓人們從感官上體驗火星漫步的感覺。

在航空方面，德國漢莎航空、英國維珍集團等大航空公司利用 VR 模擬航空服務和行程風景，吸引更多消費者加入會員。阿聯酋阿提哈德航空公司，拍了一部 VR 電影，向觀眾展示 A380 里面的超豪華私人三室套間——空中官邸。

在汽車製造行業，眾多 VR 技術已經在設計、零件製造、組裝和銷售環節有所運用。像福特公司就將 VR 運用在汽車安全測試上。在福特的汽車生產線上，公司將虛擬實境技術與人體工程學設計相結合，透過收集數據並使用電腦模型來預測裝配工作中的身體碰撞。透過測量每名生產線上的工人，來幫助識別運動可能會導致的過度疲勞、勞損或受傷。還有奧迪公司，在銷售環節透過 VR 試駕給顧客三百六十度的環景體驗。

在電影製作方面，VR 是一種新型的電影語言，觀眾不是看前面的大螢幕，而是看環景。他們可以從任意角度看電影並沉浸其中。傳統電影在向觀眾講故事，而 VR 電影邀請觀眾體驗故事，參與故事。2015 年 7 月，第一部完全使用三百六十度 VR 攝影機拍攝的長篇電影在美國巴爾的摩市開拍。這是一部喜劇性的紀實風格電影，以俄羅斯黑手黨作為 VR 頭盔的視角，讓觀眾獲得融入電影角色的沉浸體驗。

在醫療教學方面，VR 技術也成為了教學的好幫手。美國加州健康科學西部大學開設了一個虛擬實境學習中心，該中心擁有四種 VR 技術，zSpace 顯示器、Anatomage 虛擬解剖台、Oculus Rift 和 iPad 上的史丹福大學解剖模型，旨在幫助學生利用 VR 學習牙科、骨科、獸醫、物理治療和護理等知識。台灣柯惠醫療臨床培訓中心也在利用電腦和專業軟體構造，提供 VR 醫療培訓。該中心不僅為醫生提供了更逼真的實驗環境，還減少了傳統培訓對動物的傷害。

在教育方面，VR 技術與教育的結合，顛覆了以往的教學模式，讓每一位學生都可以沉浸在虛擬環境中，用自己的眼睛和耳朵去獲取知識。例如 Google 推出的探險先驅（Expeditions Pioneer）項目包括 Google 卡板頭顯（Cardboard）、路由器、智慧手機和平板電腦，能利用 VR 技術幫助孩子提升課堂體驗。

從遊戲到電影，從醫療到教育，從地球到外太空，VR 技術的應用場景不斷被人們拓寬。現在 VR 技術已經深入各個行業，有的 VR 技術已經服務於人們的生活，有的 VR 技術還在加緊研發當中。可以預見，在不久的將來，VR 技術就會像現在的網際網路技術和行動網路一樣，無處不在，隨時為人類的日常生活提供服務。

圖 5-3 所示為更多的 VR 應用場景。

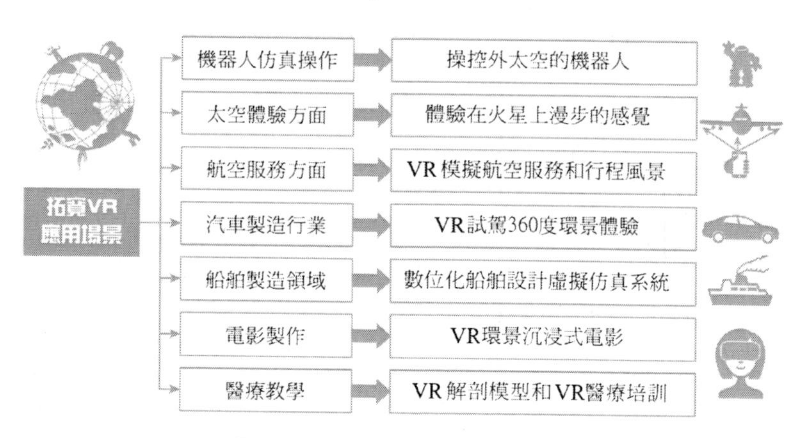

圖 5-3　用 VR 操控世界的應用場景

5.4 開發豐富的 VR 商品：從體驗級到消費級

> 這（Oculus Rift 頭顯）是用戶被神奇的力量帶入虛擬世界前看到的最後一件東西，也是從虛擬世界出來看到的第一件東西，而且這種轉換過程相當的舒適。
>
> ——Oculus 首席架構師　阿特曼·賓斯托克

2016 年 3 月的一天，春光明媚，暖意融融，Oculus 創始人帕爾默·拉奇（Palmer Luckey）穿上西裝，笑盈盈地提著一個 Oculus Rift 頭顯出門去了。他今天要親自開車送貨上門，為美國第一位消費者送去 VR 頭顯。

很快，帕爾默·拉奇來到該消費者的門前，按響了門鈴。

「先生，這是你訂購的 Oculus Rift 頭顯，你是第一個拿到貨的幸運兒！」帕爾默·勒基畢恭畢敬地送上自己的產品。

「哇，太棒了！謝謝你拉奇先生，我對這個 VR 頭顯期待很久了！」這位消費者喜出望外，他沒有想到 Oculus 創始人、大名鼎鼎的科技天才帕爾默·拉奇居然親自送貨上門！

「謝謝你對我們的支持，透過這個 Oculus Rift 頭顯，我們可以與世界分享我們收藏已久的夢想！」帕爾默·拉奇也特別高興，繼續去下一家送貨。

把選擇權交給用戶

2014 年，Facebook 耗費二十億美元巨資收購了 Oculus Rift 所有的資產，引爆了虛擬實境產業。隨後，帕爾默·拉奇經過幾年的研究，終於拿出了真正消費級的 VR 頭顯，並懷著感恩之心，親自為消費者送貨。

Oculus Rift 消費級頭顯售價 599 美元，標準配置包括一個 Oculus Remote 遙控器，一台 Oculus Rift 頭顯、一個運動追蹤網路攝影機以及一個 Xbox One 手把，裡面還裝載有兩款免費的 VR 遊戲，分別是第三人稱冒險類《Lucky's Tale》和第一人稱太空射擊遊戲《EVE：Valkyrie》。對於這個級別的消費水準，一般美國家庭都接受得了。

此外，Oculus 公司還推出了一個高級的消費版本，售價 1499 美元，裡面除了 Oculus Rift 消費版本的標配之外，還包括一台能夠滿足 Oculus Rift 眼鏡運行的電腦。

當年，帕爾默·拉奇在研究 VR 頭顯時，發現一個問題，即用戶戴上 VR 頭盔之後，就與真實世界隔絕了，成為自娛自樂的「孤家寡人」，在旁人看來他的行為變得「很蠢」。

為了解決這個問題，帕爾默·拉奇提出 VR 頭盔設計的終極目標是：當用戶戴上 VR 頭盔後，設備會「消失」，即將設備的存在感降到最低，使沉浸感最強。所以，帕爾默·拉奇不僅要求 Oculus Rift 頭顯佩戴起來要舒適、要擺脫呆笨感，還要把人們引入全新的 VR 世界。

在一次又一次的製造與淘汰原型機的過程中，帕爾默·拉奇的研發團隊得出一個結論：VR 頭盔不僅要考慮人體工程學設計，還要使這個設備可以解決用戶自身的一些問題。

最後，帕爾默·拉奇決定把選擇權交給用戶。用戶可以根據個人情況隨意調節頭帶鬆緊、聲音大小，還可以調節 VR 頭顯的瞳距、物距和焦距。

在這裡，簡單介紹一下什麼是瞳距、物距和焦距。

瞳距就是兩眼瞳孔的距離。正常人的雙眼注視同一物體時，物體分別在兩眼視網膜處成像，並在大腦視中樞重疊起來，成為一個完整的、具有立體感的單一物體，這個功能叫雙眼單視。為了達到類似人眼的觀看效果，用戶在配戴 VR 頭顯時需要測量瞳距。

目前 VR 眼鏡一般都是將內容分為兩個螢幕，切成兩半，透過鏡片處理實現疊加成像。然而，每個人的瞳距都是不一樣的，一般範圍是 58 ～ 70 公釐，所以需要調節 VR 眼鏡的瞳距。

怎麼調節 VR 眼鏡的瞳距呢？帕爾默·拉奇及其研發團隊把鏡片放在一塊繃緊的柔性布料上，布料後面是一個微型雙齒輪結構，能夠調整鏡片之間的距離，讓 VR 眼鏡的瞳距等同於用戶眼睛的瞳距。這塊布料是防塵的（保護機械部件），可以被紅外線穿透（減少跟蹤干擾），防止增加設備的複雜性和重量。這樣的改動讓 Oculus Rift 頭顯實現了外界圖像、鏡片和眼中成像的三點一線，讓用戶看見的虛擬實境圖像更為清晰。

物距是指物體到透鏡光心的距離。用戶在戴上 VR 眼鏡時，可以透過調節物距，讓虛擬環境的景物在自己眼中變得盡可能清晰一些。

焦距是焦點到面鏡的中心點之間的距離。調整焦距其實和調整物距的道理一樣，都是為了獲得更清晰的圖像，只不過調整焦距還可以讓戴眼鏡的人更加方便地佩戴 VR 頭盔。

目前大多數 VR 設備都可以調整瞳距、物距和焦距，調節方法分為物理調整和軟體調整。在 Oculus Rift 頭顯裡裝置的轉輪可以讓用戶自行調整焦距。此外，Oculus Rift 頭顯還包含兩副分開的鏡頭：一副是面向普通用戶或輕度近視的用戶，另一副面向近視程度較深的用戶。

多年來，帕爾默·拉奇及其團隊所做的這些研究，就是為了讓用戶的體驗變得更好。

消費級 VR 的體驗

用戶在拿到帕爾默·拉奇送來的 Oculus Rift 頭顯之後，迫不及待地連接到電腦上試用。當他戴上頭顯之後，眼前出現一個虛擬客廳，裡面擺放著簡約的家具。

用戶站在凌亂的地毯上，發現上面散落著幾本精裝書，扭頭往窗外看，幾片樹葉正從樹上落下來。在不遠處，用戶看到另一個房子，有一團火焰冒出來並發出爆裂聲，這一切都好像在真實發生一樣。

Oculus Rift 頭顯的導航界面十分簡潔。在用戶前面有三個選單可供選擇，懸浮在半空中或者在眼睛前方最舒適的二點五公尺處。用戶最近玩的遊戲和體驗呈現在左邊，所有已經購買和可用的遊戲放在中間，朋友列表放在右邊。

在主選單中，用戶可以透過晃動頭部或者用遙控器、手把來選擇自己要看的 VR 影片和要玩的 VR 遊戲。Oculus 公司希望用戶遊戲上手的時間為三十分鐘到一小時。上手時間包括註冊 Oculus 帳戶、進行郵件驗證、新手指導、試玩體驗等。

在用戶體驗流程方面，帕爾默·拉奇追求簡潔為主，讓用戶透過幾個操作步驟就能實現所求。如果 Oculus Rift 頭顯的某些流程有問題，導致用戶不能快速體驗到 VR 內容，沉浸到虛擬世界，那麼用戶會認為產品有問題。

透過精益求精的研究，Oculus Rift 頭顯給用戶帶來了強大的沉浸感，Oculus 的首席架構師阿特曼·賓斯托克（Atman Binstock）高興地說：「用戶用過 Oculus Rift 頭顯一次之後就會明白，它有能力把你傳送到另一個不同的世界，在那個世界裡用戶將以不同的方式感受周圍。這是用戶被神奇的力量帶入虛擬世界前看到的最後一件東西，也是從虛擬世界出來看到的第一件東西，而且這種轉換過程相當的舒適。」

為了開發豐富的 VR 商品，帕爾默·拉奇不僅在硬體上研發面向大眾的消費級的產品，還在內容上布局。Oculus 公司為用戶推出內容商店（Oculus Platform）平台和行動軟體開發工具包（SDK）。

普通用戶（支援 Oculus Rift 頭顯和三星 Gear VR 頭顯用戶）可以在 Oculus 公司的內容商店中購買 VR 內容（包括 VR 影片和遊戲）。如果用戶對這些 VR 內容不滿意，也可以利用開放的行動軟體開發工具包進行個性化加工。此外，Oculus 公司還在內容商店中發布了多款 VR 應用，包括 Oculus Cinema 和 Oculus 360 Photos。

圖 5-4 所示為 Oculus 開發的豐富的 VR 商品。

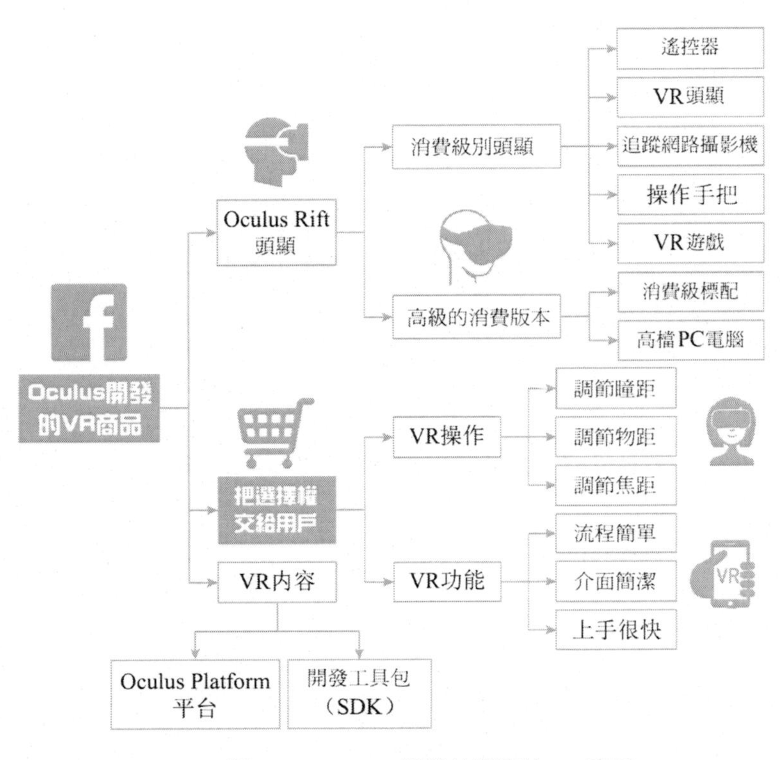

圖 5-4　Oculus 開發的豐富的 VR 商品

從 Oculus 公司發布的消費級 VR 頭顯的價格、標配和體驗來看，消費級的 Oculus Rift 頭顯不僅重量輕、佩戴舒適，而且還允許用戶自行調節各種參數以便獲得高清圖像，沉浸感良好，可謂是性價比較高的消費級別 VR 產品。

隨著 VR 技術的發展，VR 產品已經從貴族般的體驗、炫耀級別，進入到普通消費級別，漸漸走入平常百姓家。為了開發豐富的 VR 產品，Oculus 公司推出「一低一高」的消費級 VR 頭顯，在內容方面，推出免費的 VR 遊戲和付費的 VR 內容，把最終的選擇權交給用戶，顯示出科技公司造福於民、尊重用戶的坦誠。

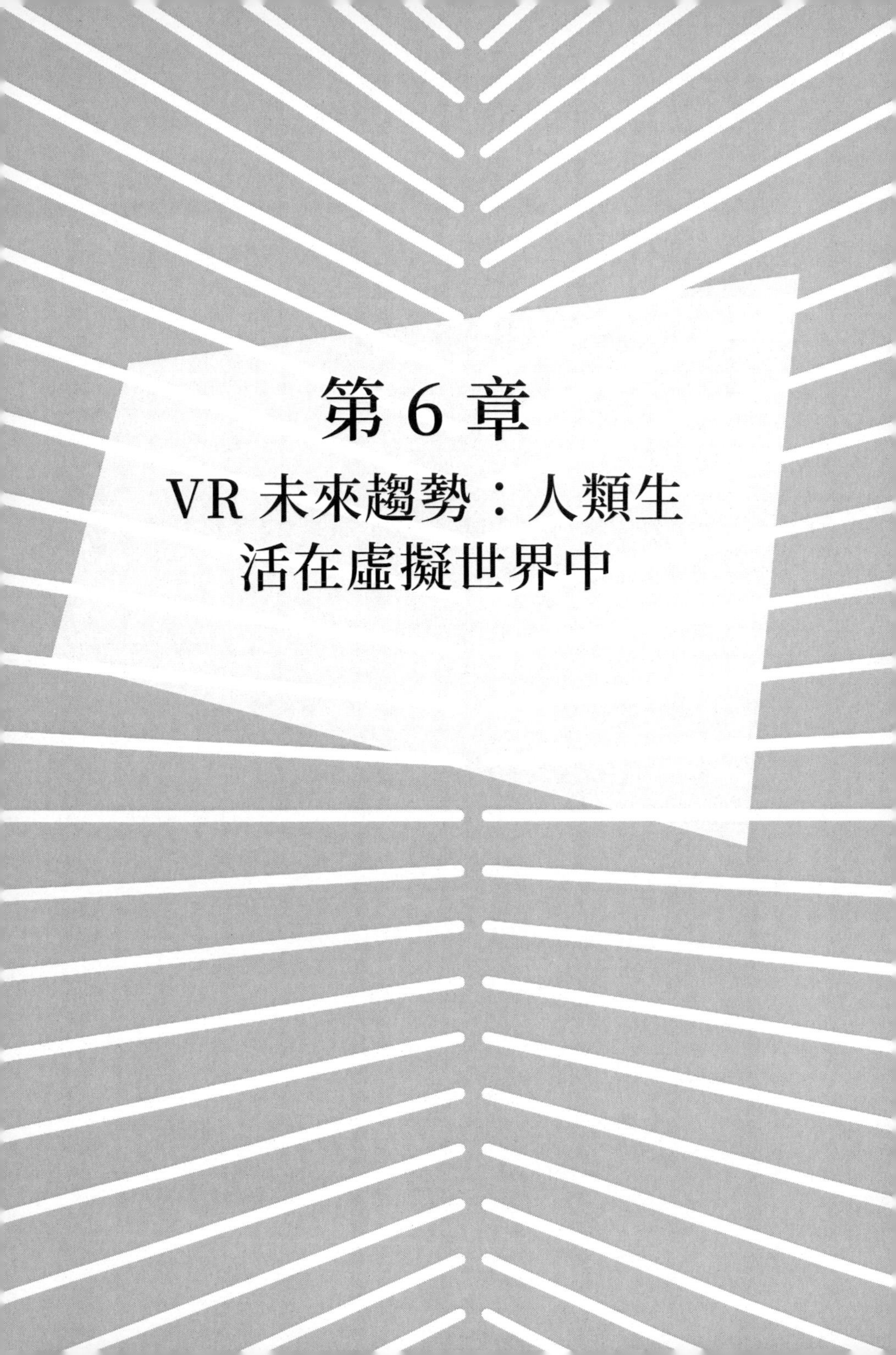

第 6 章

VR 未來趨勢：人類生活在虛擬世界中

6.1 全球尖端 VR 開發者共創虛擬世界

2017 年 4 月 1 日愚人節這一天，VR 界發生一件大事，似乎在愚弄全球的 VR 粉絲。

當天下午，Oculus 公司的創始人帕爾默·拉奇收拾完自己的私人物品，匆匆離開自己創辦的 Oculus 公司，不再是 Facebook 的員工了。

過去的點點滴滴依然歷歷在目，2014 年 Oculus 公司被 Facebook 花二十億美元全資收購，2016 年拉奇給用戶送出了第一個消費級的 Oculus Rift 頭顯，現在曾經風光無限的拉奇不得不離開了。

VR 天才的離開

離開的時候，拉奇穿著黑色的襯衫，有點像駭客任務裡男主角的裝扮，他的頭髮略顯凌亂，終日面無表情整理各種交接文件，偶爾他會望著窗外若有所思，或是向以前的同事苦笑。Facebook 這透明的辦公室，突然變得既熟悉又陌生起來，好像這裡就是一個真實版的「虛擬世界」。

對於拉奇的離開，外界有很多說法，有的說他是被大東家 Facebook 開除，有的說拉奇已經另覓發展良機，也有的說拉奇已經沒有利用價值了。拉奇離開 Facebook 的時候，才二十四歲，以後他還有很多重來的機會。

拉奇離開後，Facebook 公司的發言人發表了一份聲明：「我們會很想念帕爾默·拉奇。他的功績絕不限於 Oculus。他的創新精神引發了 VR 革命，幫助一個產業的建立。我們感謝他為 Oculus 和 VR 所做的一切。祝願他一切順利。」

VR 天才、地球上最成功的九零後拉奇居然離開了自己創辦的 VR 公司，讓 VR 界感到很震驚。

2014 年拉奇發明了 VR 頭顯的原型機 Oculus Rift，它不僅僅是一項偉大的遊戲技術，更是人類從真實世界步入虛擬世界的重要節點。拉奇曾經如痴如醉地說：「VR 代表著未來，VR 就是駭客任務。」

拉奇搬進 Facebook 公司總部後繼續研發 Oculus Rift 頭顯，當時，他遇到的最大難題是落後的電腦配置。當拉奇滿懷希望地研發出消費級別的 Oculus Rift 頭顯時，他發現原來那些低配置的個人電腦根本帶不動。

用戶要想體驗消費級的 Oculus Rift 頭顯，電腦配置要很高才行，具體要求如下。

- ✽ 顯示卡：NVIDIAGTX970/AMD290 級別或更高；
- ✽ 處理器：Inteli5-4590 級別或更高；
- ✽ 記憶體：最低 8GB RAM；
- ✽ 顯示輸出：兼容 HDMI 1.3 輸出介面；
- ✽ USB：3 個 USB3.0 介面以及 1 個 USB2.0 介面；
- ✽ 系統：Windows 7 SP 164-bit 或更新。

顯然，這種 PC 配置需求並不親民，有很多用戶的電腦還有待升級。Oculus 公司的大東家 Facebook 公司是社交巨頭、網路公司，他們不可能製造出高配置又低價格的 PC 機。所以，Oculus 公司的 Oculus Rift 頭顯銷量受到了很大的影響。

帕爾默·拉奇曾經抱怨說：「像 Rift 一樣的 VR 頭盔將推動高檔 PC 硬體的需求，隨著時間的推移，整體的成本會慢慢降下來。可是，大多數人毫無擁有一台高檔 PC 的理由，而糟糕的 PC 是高級 VR 普及的最大障礙。如果普通 PC 可以支援 VR，許多人就可以購買相對便宜的 VR 頭盔，然後隨便用什麼電腦都能驅動它。」

大部分低端 PC 根本帶不動高級 VR，而帕爾默·拉奇又無法改變整個 PC 行業的發展進程，所以他一直在想盡辦法降低 Oculus Rift 頭顯的成本，讓 VR 頭顯成為人人都消費得起的商品。

很快帕爾默·拉奇就攤上大事了，他捲入了一場知識產權糾紛案。

2017 年 1 月 18 日，在達拉斯法庭現場，Oculus 公司的創始人拉奇與大東家 Facebook 公司的創始人祖克柏雙雙被傳喚到庭。他們作為證人出庭，共同為 Oculus 公司辯護，因為 Zeni Max 公司告發 Oculus 公司盜竊它的知識產權。

在辯護過程中，軟體公司 Zeni Max 宣稱，Zeni Max 的前員工、Oculus 現任首席技術官約翰·卡馬克（John Carmack）將商業機密帶到新公司 Oculus，並為創建 Oculus Rift 頭顯的研發打下了基礎。

拉奇當天穿著典型的夏威夷沙灘裝，披著藍色的西裝。在法庭上，拉奇據理力爭，客觀回答了他與約翰·卡馬克的合作關係，並否認在 Oculus Rift 發展早期違反了與 Zeni Max 的協議。

最後，法院裁決 Oculus 公司沒有侵占任何商業祕密，不過法院卻發現 Oculus 公司及其聯合創始人拉奇和布雷登·艾瑞比（Bredan Iribe）並未遵守一項保密協議，於是判決他們向 Zeni Max 公司支付五億美元的違約金。

隨後，Zeni Max 公司這邊馬上向法院申請強制執行賠款，而 Facebook 公司也積極準備提請上訴。這場知識產權糾紛案可能會延續長達數年的時間。

真是禍不單行，一方面，Oculus Rift 頭顯受制於落後的 PC 機，其銷量差強人意，另一方面，Oculus 公司、Facebook 公司還被五億美元的違約金搞得焦頭爛額。所以，帕爾默·拉奇在大東家 Facebook 公司的處境越來越糟糕。

試想一個人剛上班沒多久就讓自己和自己的大老闆一起成為被告人，這是多麼令人懊惱的事情呀！最後帕爾默·拉奇選擇離開自己創辦的公司 Oculus，離開大東家 Facebook 公司，此情此景不禁讓人唏噓。

圖 6-1 所示為 VR 天才拉奇的專利糾紛。

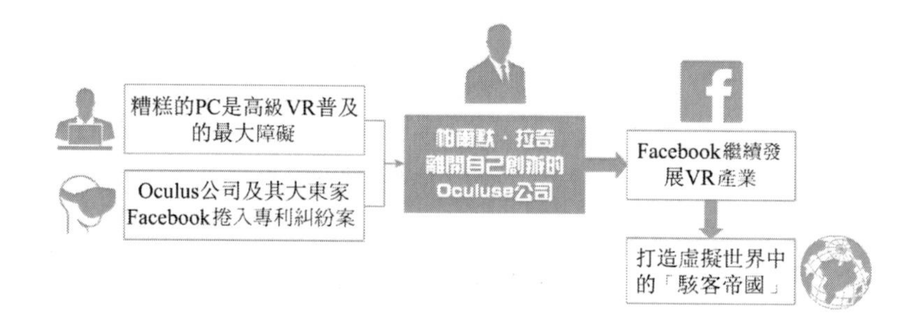

圖 6-1　VR 天才拉奇的專利糾紛

從帕爾默·拉奇大起大落的案例中，我們得到的警示是，VR 創業者要十分重視知識產權保護，如果是自己首先發明的東西要及時申請專利，懂得利用法律來保護自己。如果不是自己原創，就要爭取獲得相關的授權協議並在協議規定的範圍內行事。VR 創業者千萬不要淪落到這樣的下場；自己創業沒有成功，卻把企業發展的黃金時間浪費在沒完沒了的專利官司上。

6.2 從 VR 到 AR

在虛擬實境方面，我們的發展重點是 AR（擴增實境），而非 VR（虛擬實境）。Google 與 Facebook 的發展方向完全相反，Facebook 希望透過 Oculus Rift 頭顯開啟虛擬實境化的社交、遊戲、教育體驗，而我們則更關注基於現實基礎上的互動。

——Google CEO　桑達爾·皮查伊

2015 年 10 月的一天，碧空如洗、萬里無雲，美國高通公司藍白相間的總部大樓就矗立在天地之間。在總部裡的智慧牆上，無數塊巨大的螢幕正在滾動顯示高通公司引以為傲的晶片技術和通訊技術。此時，高通 CEO 史蒂夫·莫倫科夫（Steve Mollenkopf）作出了最後的決定，出售旗下的 AR 業務，以便讓公司更專注於晶片業務。

AR 業務被出售

就在 Facebook 大力發展社交化 VR 技術的時候，AR 的領軍公司高通居然宣布出售他們的 AR 業務——Vuforia 擴增實境平台。消息一傳出，讓 AR 界感到前途更加迷茫，因為沒有領軍公司高通作為參照，很多 AR 創業公司一下子失去了追逐的目標。

2010 年，高通公司研發出了 Vuforia 擴增實境平台，它是一款可用於增強視覺效果的行動視覺平台。它被應用於零售場景，是一種可以把真實世界與電腦生成的內容融合起來的技術。

很多人認為高通 AR 業務最大的買家應該是 Google，因為 Google 已經做出了 VR 頭顯（Google 卡板），而且他們似乎對 VR 更感興趣。不過，聰明的 Google 不想在這些沒有廣泛普及的技術上花更多的錢。

當 Facebook 公司花二十億美元收購了 Oculus 的所有資產並研發出了精緻的 VR 頭顯時，Google 卻走了不同的發展路子。Google 認為只有價格足夠親民的產品才能得到廣泛普及。為此 Google 研發出了廉價的 Google 卡板（Cardboard），並免費贈送給大眾使用。因此，有人調侃 Facebook 公司：花二十億美元收購的公司 Oculus 所研發的 VR 技術，結果在成本只有兩美元的手工製品上、Google 卡板上就能實現了。

Google 不想花大價錢購買高通公司的 AR 業務，美國參數技術公司（PTC）卻願意花 6500 萬美元來購買。

美國參數技術公司擁有全球最強大的 IoT 技術，現在他們想把高通公司的 Vuforia AR 技術和他們的 IoT 技術有機結合起來，以實現實體世界與虛擬世界的連接。正所謂一個願賣，一個願買，別人說三道四也沒有用。

Google 不買高通的 AR 業務，其實是想推自己的 AR 硬體產品探戈項目（Project Tango）。

Google 在 2014 年 6 月 5 日啟動探戈項目，它融合了三大核心技術（運動追蹤、深度感知和區域學習），它將光學感測器、慣性感測器與電腦視覺技術進行了完美結合。一開始，探戈項目一度被人們稱為黑科技，現在它已經慢慢走進人們的生活，成為三維感應技術的領路人。

探戈項目的產品形態是七英吋螢幕的平板電腦。Google 給它的定義是：「讓行動設備像人類一樣理解周圍的空間和運動。」

在這個設備的背面，從左到右依次可以看到紅外線鏡頭、景深探測器、具有一百八十度追蹤能力的魚眼鏡頭，以及紅外投影。使用這些傳感單元，探戈項目能在每次發生位移時對周圍環境作二十五萬次三維測量，因此可以得到完整的周圍環境的三維訊息，包括空間中任何兩個物體間的距離。

用戶可以用這個設備對單個的物體或人物進行三維掃描。以往需要數十萬元的雷射掃描儀才能完成的工作，現在用探戈項目在幾秒鐘內就能完成。

雖然探戈項目的知名度並不高，但是價格很親民，Google 已經公開發售的 AR 平板電腦，售價僅為 512 美元。可見，Google 不論是推出 VR 頭顯還是 AR 硬體，都走了「親民普及路線」，不像蘋果公司那樣追求高檔頂級，也不像 Facebook 公司那樣「一對一高級配置」，要體驗頂級頭顯還要配高檔的 PC。

在這裡也簡單介紹一下其他兩款知名的 AR 硬體，蘋果公司的 Apple Watch 和微軟公司的 HoloLens。

蘋果公司的 APPle Watch 是該公司推出的一款智慧手錶。這款手錶具有部分 AR 功能，它擁有各種各樣的個性化表盤，可以讓用戶隨心所欲地進行改變和自定義設置。在自定義的錶盤上，用戶可以增加天氣、下一個活動等實用訊息，還可以顯示用戶的心跳等訊息。這款智慧手錶的售價約 300 ～ 500 美元。

微軟公司的 HoloLens 全像眼鏡是一款頭戴式 AR 裝置，它可以完全獨立使用，無須線纜連接、無須同步電腦或智慧手機。它是一款融合 CPU、GPU 和全像處理器的特殊眼鏡，透過圖片、影像和聲音，讓用戶在家中就能進入全像世界，以周邊環境為載體進行全像體驗。

用戶戴上 HoloLens 全像眼鏡，就能以周圍實際的環境為載體，在圖像上添加各種各樣的虛擬訊息。例如用戶可以把

Window 10 系統裡所有的應用，隨心所欲地移動到客廳的牆上進行播放、展示、放大、縮小，既可以隨時隨地查看夏威夷天氣的情況，也可以任意點播熱門電影，還可以走到哪裡就聊到哪，因為即時聊天工具可以出現在客廳裡的任何地方。

不過，微軟 HoloLens 全像眼鏡的售價可不低，用戶即使購買一款低配置的也需要花三千多美元。

一塊智慧手錶不能代表 AR 技術的全部，而高檔的微軟 HoloLens 全像眼鏡似乎讓普通人覺得高不可攀，所以人們把 AR 技術普及的希望寄託在 Google 身上。因為任何技術都要轉化為日常應用，普及到民眾家庭中消費，才有生存的土壤。

圖 6-2 所示為從 VR 產業到 AR 產業示意圖。

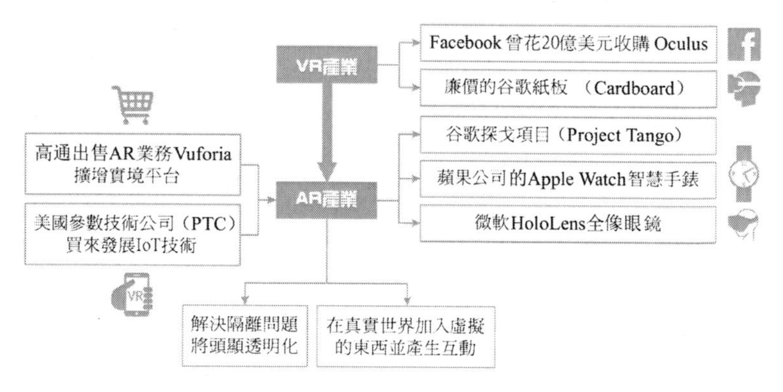

圖 6-2　從 VR 到 AR

AR 要互動而非隔離

有一次，GoogleCEO 桑達爾·皮查伊和 Google 虛擬實境部門副總裁克萊·巴沃爾進行了一次祕密的談話。

來自印度的桑達爾·皮查伊說：「在虛擬實境方面，我們的發展重點是 AR，而非 VR。Google 與 Facebook 的發展方向完全相反，Facebook 希望透過 Oculus Rift 頭顯開啟虛擬實境化的社交、遊戲、教育體驗，而我們則更關注基於現實基礎上的互動。」

克萊·巴沃爾說：「我們將盡快開發出消費級虛擬實境和擴增實境硬體，但從長遠來看，擴增實境才是未來的發展趨勢，因為它能夠帶給人們更多互動體驗，而非虛擬實境的隔離。」

可見，Google 發展 AR 技術就是為解決 VR 的隔離問題（不要 VR 頭顯）和 AR 的普及問題（價格親民）。

在這裡簡單介紹一下 VR 與 AR 的區別。

VR 所呈現的是一種完全虛擬的圖像，透過頭部、動作監測技術來追蹤用戶的動作，並反映到內容中，以提供一種沉浸式的體驗。顯然，它更適合應用在電子遊戲、沉浸式影視內容等領域，比平面的螢幕或是電視效果更酷。目前消費市場中的 VR 設備有 Oculus Rift 頭顯、HTC Vive 頭顯、三星 Gear VR 頭顯和 SONYPS VR 頭顯等。

AR 則是基於現實環境的疊加數位圖像，同樣具有一些動作追蹤和回饋技術。但與 VR 明顯的不同是，用戶會看到現實的景物，而不是雙眼被罩在一個封閉式頭戴中。AR 設備的表現形式通常為具有一定透明度的眼鏡，同時集成影像投射元件，讓用戶在現實環境中看到一些數位圖像。目前消費市場中的 AR 設備有微軟 HoloLens 全像眼鏡、Google 探戈項目（Project Tango）平板電腦等。

從技術門檻的角度來說，VR 的技術門檻比 AR 低一個數量級，VR 技術只要把人類的眼睛用頭顯矇住就能沉浸到虛擬世界，而 AR 技術要解決隔離問題、將頭顯透明化（甚至去頭顯化），讓人類可以在真實世界裡隨意加入虛擬世界的東西。

因為 AR 的技術門檻較高，只有財力雄厚的巨頭才能玩得起，而他們研發出來的 AR 硬體，價格往往居高不下。正因為這個原因，AR 行業相對冷寂，而 VR 行業卻非常火爆。

人類從 VR 技術發展到 AR 技術，所要求的技術門檻相應提高，所以高通公司不得不「甩賣 AR 業務」專營主業，因為他們害怕發展 AR 業務會影響自己主營的晶片業務。現在，Google 和微軟正在抓緊研發各自的 AR 技術，未來誰能「問鼎 AR 江湖」還有待時間來證明。

6.3 人類更希望在虛擬世界中享受自由

人類生活在真實世界的機率只有十億分之一，人類很可能生活在電腦模擬的世界當中。一些技術包括 VR 和 AR 技術讓虛擬世界與真實世界變得越來越難以區分。

——特斯拉汽車公司創始人 馬斯克

2010 年的一天，女「築夢師」阿德里安靜地躺在白色的椅子上，迅速在夢境中暴走。這時「盜夢者」柯布開始進入夢境，帶著「築夢師」走過城市一條聒噪的街道。柯布一邊走一邊教阿德里安編織虛擬實境的（築夢）方法和技巧。

虛擬夢境中的盜夢技術

柯布神情自若地說：「夢境的基本布局有了，書店、咖啡店、水果店等，該有的東西差不多都有了。」

阿德里安看到在夢境中有很多人，有的迎面而來，有的在附近的水果店買東西，於是她好奇地問：「這些人是誰？」

柯布兩手插在褲袋裡，風度翩翩地走著，煞有介事地說：「這些人是在我潛意識中的映射。」

「他們是你潛意識中的映射？」阿德里安覺得不可意議，這麼多活生生的人怎麼會都是柯布潛意識中的映射呢？

「是的！你要記得，你是造夢者，你創造了這個夢境。而我是這個夢境的目標，夢境裡充滿了我的潛意識，你可以在這個夢境裡盜取我的思想或者植入別人的思想。你可以跟我的潛意識也就是那些夢中的人物交談，這也是盜取目標祕密的方法之一。」柯布邊說邊伸手指了指街邊的人群。

「除此之外呢？還有沒有其他方法可以在夢境中竊取別人的思想？」阿德里安來了興趣。

「當然有了，你可以設計一個安全場所，比如銀行金庫或是監獄，這樣重要訊息就會自動存入其中，你明白嗎？」「盜夢高手」柯布把盜夢的精華都教給了女「築夢師」阿德里安。

「明白了，等夢境設計好了，你就潛入夢中去竊取別人的思想！」阿德里安終於恍然大悟。

隨後，柯布和阿德里安走到另外一條街，阿德里安想玩點新花樣，她說：「我本以為夢意應該基於視覺，但其實更重要的是去感覺。我想知道，如果我在夢境中顛覆了物理規律會有什麼樣的結果？」

隨後，女「築夢師」阿德里安重新設計了夢境裡的三維街區。只聽地底傳來「嘎吱嘎吱」的聲響，不遠處的街區慢慢倒翻過來，頭頂上空出現了一個「倒立的世界」，好像建築的頂部是一層水面，而水裡還有一個車水馬龍、人來人往的「逆世界」……

這就是電影《全面啟動》所描述的一種「盜夢技術」。影片劇情遊走於夢境與現實之間，被定義為「發生在意識結構內的當代動作科幻片」。該影片講述了由造夢師柯布帶領女築夢師阿德里安等特工團隊，進入他人夢境，從他人的潛意識中盜取機密，並重塑他人夢境的故事。

在影片裡，盜夢團隊在真實世界中睡大覺，卻在虛擬世界裡、自己創設的夢境裡瘋狂盜夢。他們可以自由自在、隨心所欲地做自己想做的事情。在影片中，真實世界與虛擬世界的界限變得越來越模糊，人們從自己創設的虛擬夢境中盜取別人的祕密然後回到真實世界，以得到更多好處。

2010 年上映的《全面啟動》這部電影對於 VR 技術的發展產生了深遠的影響。有一些 VR 體驗者在體驗完虛擬實境技術之後，似乎有點分不清楚自己是在真實世界還是在虛擬世界，是在夢中還是醒著。

那麼，人究竟是真實的還是虛擬的？人類現在生活的地球環境是一個真實世界還是一個虛擬世界？

這個問題以前似乎只有哲學家才會去思考，而現在，隨著 VR 技術的不斷發展，有的科學家開始懷疑，人類可能生活在其他高級智慧生物所創設的「虛擬世界」裡。

圖 6-3 所示為人類是否生活在虛擬世界。

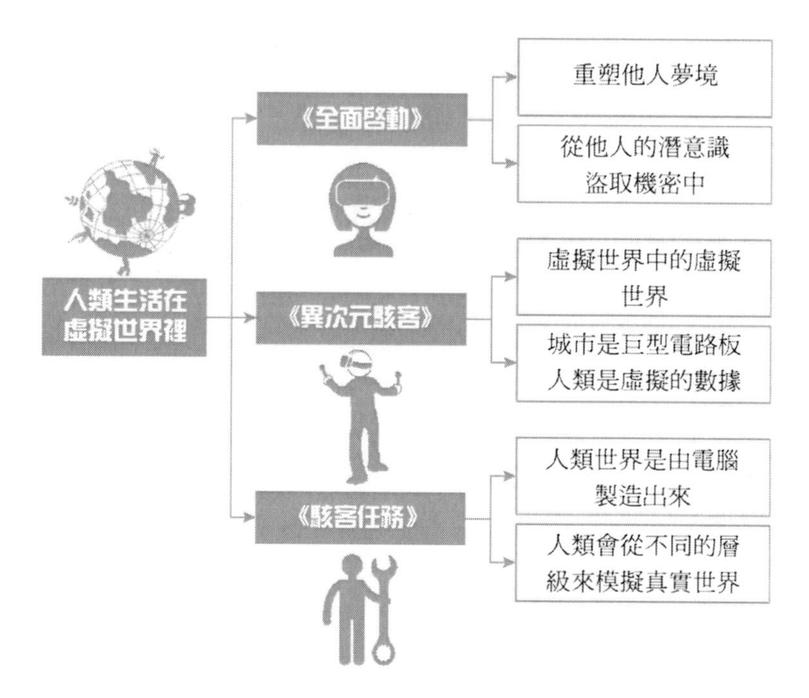

圖 6-3　人類生活在虛擬世界裡？

人類生活在虛擬世界裡？

「人類生活在虛擬世界裡」這個觀點一經提出，就遭到無數人的反對，因為大部分人都會認為身邊的事物是那麼的真實，人類有各種各樣的感覺，怎麼可能是模擬的呢？例如，我們手中的茶杯有重量，吃的漢堡有味道，咖啡有迷人的醇香，我們周圍還有各種各樣美妙的聲音，還可以接觸到任何身邊的物體。如此眾多的事物，都是我們切身體驗出來的，並不是什麼電腦、高級生物設計出來的。

不過，也有部分科學家認為，因為人類的智商被設計得比較低，高智商的沒有幾個，所以人類無法探知周邊的環境是不是虛擬的。就像電影《異次元駭客》所描述的那樣，虛擬世界中還有虛擬世界，一層套一層，多層虛擬世界盤根錯節，把人類完全困在裡面無法逃脫出來。

《異次元駭客》向人們講述這樣一個故事：以科學家福勒、霍爾為首的幾個擁有尖端技術水準的人，利用電腦創造了一個虛擬世界——1937 年的洛杉磯，並投身到裡面去享樂。這個虛擬的世界存在於龐大的電腦組中，人可以透過特定儀器與虛擬世界進行連接，將自己的記憶植入虛擬世界中選定對象的大腦中，以此進入虛擬的世界，借用代理人的軀體為所欲為（相當於「鬼上身」）。

不過奇怪的事情發生了，有一天，霍爾從他們自己創造的虛擬世界——1937 年的洛杉磯醒過來，卻發現福勒被人謀殺了，而他的房子裡有一件帶血的襯衫。霍爾成了頭號嫌疑犯。

他為了洗脫罪名，開始調查，尋找各種各樣有利於自己的證據。隨著調查的深入，霍爾漸漸發現，原來他們自身所處的自以為是真實的世界——1999 年的洛杉磯，不過也是別人創造的另一個虛擬世界。

從來沒有人想到城市的邊緣去看看，霍爾去了。他震驚地發現城市的邊緣沒有路，全是密密麻麻、無邊無際的電路在不停地閃爍著傳輸著各種各樣的數據。霍爾感到十分害怕，因為整個城市只是一塊巨型的電路板，裡面所有的人都是虛擬的數據，而像他這樣數據造出的人還自作聰明地去研發另外一個虛擬世界！

到底人類是不是生活在虛擬世界中？ 2016 年，有兩位科技界最有權勢的億萬富翁擔心人類真的生活在《駭客任務》式的虛擬世界之中，於是聘請科學家與他們一起研究破解之道。

美國作家泰德·弗林德（Ted Friend）曾經在《紐約客》雜誌上透露此事。他說：「很多矽谷人士對『模擬假設』已變得痴迷，認為我們所體驗的現實實際上是由電腦製造出來的；兩位科技界億萬富豪甚至已祕密聘請科學家進行研究，尋求打破虛擬世界的方法。」

美國電動車及能源公司特斯拉汽車公司創始人馬斯克也宣稱：「人類生活在真實世界的機率只有十億分之一，人類很可能生活在電腦模擬的世界當中。一些技術包括 VR 和 AR 技術讓虛擬世界與真實世界難以區分。」

馬斯克及其支持者認為，我們完全都是虛擬的人類，我們也許只是某種巨型電腦中處理的訊息流，就像電腦遊戲中的虛擬角色一樣。我們的大腦也是虛擬出來的，它們對應的是虛擬感測器的輸入設備。從這一點看，沒有任何可以逃離的矩陣；我們所生存的空間，也是我們唯一的生存機會。

Google 公司技術總監雷．庫茲韋爾曾經表示：「也許我們整個宇宙只是另一個宇宙中一位中學生的科學實驗。」全球規模最大的金融機構之一美銀美林集團也曾經發布一份報告，裡面暗示人類有 20% ～ 50% 的機會生活在虛擬世界當中。

不論是科學家、物理學家、億萬富翁還是金融機構都在懷疑人類自己身處的世界是否真實。如果人類現在生活的世界不是真實的，那麼誰在創造它、操控它？

為此，美國麻省理工學院宇宙學家艾倫．古思經過研發，提出這樣的結論：「我們整個宇宙可能是某種實驗產品，即我們的宇宙可能是由某種更高級智慧生物製造的，就像我們在實驗室中培養微生物一樣。沒有任何法則能夠排除宇宙是由虛假大爆炸形成的可能性。我們的宇宙可能生成於某種超級『生物』的試管之中。」

科學家們的這種擔心不無道理，因為隨著 VR 技術的發展，人類在不斷地編織虛擬世界，模擬宇宙。現在，人類運行的電腦模擬程式不只運用於 VR 遊戲中，也應用於各領域的研究工作中。未來，科學家們會從不同的層級來模擬真實世界，從亞原子到整個社會，從地球到太陽系，從銀河系再到河外星系，直至整個宇宙。那些在地球上自稱為「人」的東西其實只是數據流生成的電腦代碼而已。對此，美國麻省理工學院科學家塞斯·羅伊德直言不諱地說：「宇宙可以被認為是一台巨型量子電腦。」

不論未來人類生活在真實世界還是生活在虛擬世界，哪個世界更適合人類居住，人類就會選擇在哪個世界生活。在真實世界，人類有很多事情做不了，有很多夢想實現不了，可是在虛擬世界人類可以變得更加聰明、更加美麗、更加成功、更加有錢有地位，所以有很多人希望自己能在虛擬世界中享受真正的自由自在、無憂無慮的「神仙般的生活」。就算最後，人類知道自己只是虛擬世界中的一串電腦代碼、一團夢幻般的泡影，他們也會覺得很值、很滿足。

6.4 VR 技術讓人類體驗災難，學會自救

> 雖然酒駕行為目前並不是非常頻繁，這一問題對於我們來說仍然是非常重要的，甚至對整個行業而言都非常重要。我們認為，虛擬實境技術能夠提供一種強大的力量，幫助我們強調負責任的飲酒行為的重要性。
>
> ——帝亞吉歐北美地區首席行銷和創意官 詹姆士·湯普森

2011 年 3 月的一天，在日本北部，有一個叫木村的日本司機駕車出去兜風，他沿著海岸線一路馳行，十分愜意。

遭遇大海嘯

突然，路面劇烈震動起來，車頭也顛簸不停，木村還以為汽車撞到了什麼東西，他馬上停車下去查看。這時，木村感覺到身後吹來強勁又潮濕的海風。他回頭一看，天啊，十公尺高的巨浪像一堵牆一樣急速衝向濱海公路；木村明白了，剛才路面劇烈的震動，是因為海底發生了大地震，而大地震又引發了大海嘯。

這時木村該如何自救呢？他馬上回到車裡，想要駕車開往附近海拔較高的小山坡。可是還沒有等他把車開到半山腰，巨大的海浪就從天而降「轟」的一聲淹沒了汽車。海浪把車與木村一起捲走。車四處漂浮，海水慢慢滲入車內。由於水壓的原因，車門很難被打開，木村拚盡了吃奶的力氣都沒能推開車門。這時水已經漫過他的脖子，車裡的空氣越來越稀薄，木村覺得自己的大限就要到了。

這時木村把自己的皮帶解下來，用皮帶的鐵頭用力砸向汽車玻璃窗，只聽「啪」一聲響，汽車玻璃碎了，海水湧進來了。木村又用自己皮鞋的鞋跟用力踢，把整個汽車玻璃全部踢爛，然後深吸一口氣離開汽車，拚命游出海面。當他把頭鑽出海面時，發現到處都是海水，天空灰濛蒙的一片，分不清不哪邊是城市，哪邊是大海。木村只好邊游泳邊蒐集漂到身邊的漂浮物，他用木片、塑膠瓶和各種各樣的材料製作了一個簡易的救生筏。

經過十幾個小時的漂流，他終於看到遠處有個小山坡，於是慢慢划過去。他爬上小山，在顯眼的地方躺下，等待救援。最後，他得救了。

這是人們利用 VR 技術模擬 2011 年日本大地震引發海嘯時司機逃生的情形，用於教會更多的人能夠在地震和海嘯來臨時安全逃生。2011 年，日本東北部海域發生了芮氏 9.0 級地震並引發了大海嘯，造成兩萬餘人的傷亡，讓日本蒙受了巨大的經濟損失。

為了更好地進行海嘯應急安全演練，2016 年 3 月日本愛知工業大學利用 VR 技術和 Oculus Rift 頭顯，開發了一款海嘯安全逃生軟體，可以讓用戶體驗海嘯發生時，作為車主應該如何自救。

這個海嘯安全逃生軟體以 2011 年的海嘯作為參考，在 VR 世界中設計了鋪天蓋地的海浪，當海嘯襲來時，山崩地裂，樓垮樹倒，浮屍漂流。模擬的海嘯地點包括東京淺草區、名古屋以及北九州等。

日本是一個島國，地震海嘯又不大可能預知，所以只能在平常做好應急安全演練以防不測。但是，大規模演練活動費時費力，效果也不好。於是，日本愛知工業大學研發出了一個 VR 平台，能讓更多的日本人在模擬的海嘯環境中學會安全逃生的技能。

可見，VR 技術可以應用於安全教育領域。用戶只有在虛擬世界裡透過事先演練、事先準備，才能在真正的大災大難來臨之際，做到迅速自救和救人，以減少不必要的傷亡。

圖 6-4 所示為 VR 在安全應急演練中的應用。

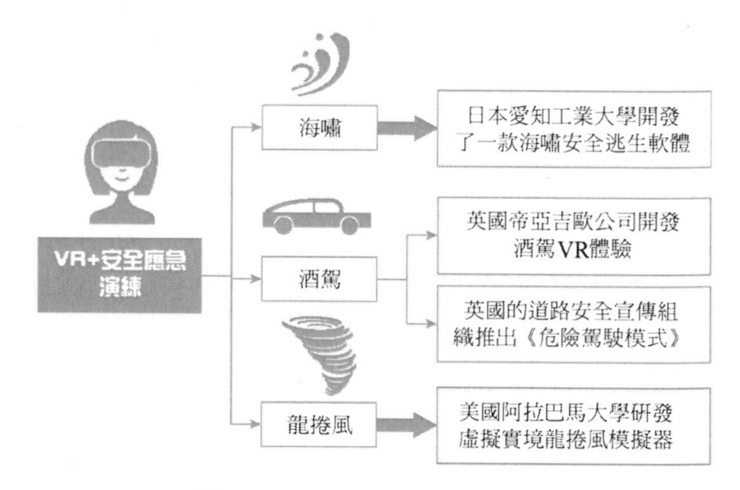

圖 6-4 VR ＋安全應急演練應用場景

VR ＋安全應急演練

每年死於交通事故的人越來越多，即使醉駕入刑也阻止不了一些司機貪杯的壞習慣。那麼，該怎麼宣傳酒駕的危害呢？

英國帝亞吉歐公司（Diageo）占據著全球洋酒市場的巨大份額，雖然他們是經營酒的，但是他們反對醉駕。為此，他們已開發出一款酒駕 VR 體驗，正在用一種全新的方式教育人們不要酒後駕駛。

在他們開發的酒駕 VR 體驗中，體驗者會坐在一個醉酒的司機旁邊一起去兜風，行駛中的車輛搖搖晃晃、四處漂移，最後免不了發生重大交通事故。體驗完之後，坐在副駕駛位置的乘客驚魂未定，以後再也不敢提什麼酒駕了。這種 VR 體驗讓人們很容易產生共鳴，比列舉那些令人厭煩的數據，或者展示那些車毀人亡的照片要更有效一些。

帝亞吉歐北美地區的首席行銷和創意官詹姆士·湯普森（James Thompson）如是說：「雖然酒駕行為目前並不是非常頻繁，這一問題對於我們來說仍然是非常重要的，甚至對整個行業而言都非常重要。我們認為，虛擬實境技術能夠提供一種強大的力量，幫助我們強調負責任的飲酒行為的重要性。」

除了洋酒商帝亞吉歐用 VR 技術進行反醉駕宣傳，英國的道路安全宣傳組織（Road Respect）也在利用 VR 頭顯設備 Oculus Rift 來宣傳安全駕駛的重要性。道路安全宣傳組織推出的道路安全 VR 體驗稱為《危險駕駛模擬》。

在這個 VR 體驗中，用戶只要戴上 VR 頭顯，就可以透過控制方向盤來駕駛一輛虛擬汽車。在體驗中，用戶將親眼目睹超速、超車、撞車、撞障礙物、撞人等一系列危險駕駛所引來的嚴重後果。該 VR 體驗正是透過這種「身臨其境」的感覺來提高人們對安全駕駛的認識。

在美國每年都有龍捲風災害，由於美國境內海拔較低，又被太平洋、大西洋和墨西哥灣三面海水包圍，所以每當春夏時期，海洋裡大量暖濕氣流容易深入美國中西部地區，形成對流雲，繼而演變為龍捲風。龍捲風所到之處彷彿摧枯拉朽一般，房屋瓦解、樹根拔起、飛沙走石，在短短幾分鐘的時間，就可將原本欣欣向榮的社區夷為平地，狼藉不堪。

為了開展龍捲風應急演練，阿拉巴馬大學的研究者開始研發虛擬實境龍捲風模擬器。在這個模擬器的場景中，體驗者會在龍捲風突發時正好路過一座房屋。為了達到唯妙唯肖的效果，研究人員還在模擬中加入了各種各樣音效（包括風聲、物體碰撞聲、動物叫聲等）。

人們只要戴上頭顯，就好像置身於龍捲風爆發最嚴重的地方，這時人們應該怎麼辦？在野外遭遇龍捲風時，人們應以最快的速度朝與龍捲風前進路線相反或垂直的方向逃離；如果來不及逃離，要迅速找一處低窪地趴下。人們在家裡時遭遇龍捲風，應快速躲到混凝土建築的地下室或半地下室。這些實用的，自己親身體驗、親自演練過的方法，實際應用時要比透過閱讀教科書和觀看影片得來的經驗效果好很多。

從地震、海嘯、龍捲風應急演練到防止酒駕教育，VR 技術在人類生存安全防禦領域的應用越來越廣泛。未來，像應對火災、水災、觸電、核輻射、空難、太空災難等災難時，人們都可以使用 VR 體驗這種方式進行應急演練。

人們透過 VR 技術讓受訓者在虛擬的災難現場感受最緊張最危急的時刻，並學習到安全逃生的知識以備不時之需，這是人類對生命的敬畏！人們並不希望這些模擬的災難會發生，但是事先進行安全應急演練也是為了防患於未然。

6.5 VR 道德挑戰：用戶行為被窺視與跟蹤

未來幾年內，虛擬實境技術是我們需要面對的最大道德挑戰，其影響要遠遠超過人工智慧的影響。

——虛擬實境之父　杰倫·拉尼爾

2016 年 11 月的一天午後，一位美國女玩家喬丹·別拉米勒在家裡閒得沒事做，於是她來到電腦前，戴上 VR 頭顯，要玩一款 VR 遊戲——射箭塔防遊戲《QuiVr》。在這個遊戲中，玩家需要在城堡中使用弓箭，抵禦一波波怪物的進攻。

VR 遊戲中的騷擾

別拉米勒進入遊戲時，選擇了多人模式，並且她還時常透過 VR 頭盔裡的麥克風跟其他隊友溝通。

這時，一位無良玩家透過聲音聽出她是名女性，於是開始在虛擬世界裡對別拉米勒扮演的遊戲女隊員騷擾。

那個玩家操控著遊戲裡的男隊員不斷靠近別拉米勒扮演的

女隊員，然後讓男隊員用手去摸女隊員的身體。當別拉米勒扮演的女隊員嘗試跑到遠處去的時候，那個無良玩家居然操控男隊員尾隨在她後面，對別拉米勒扮演的女隊員不斷騷擾。

這種行為雖然是出現在 VR 遊戲而非真實世界裡，但是別拉米勒認為那是一種明目張膽的、不折不扣的侵犯。

別拉米勒在網上把自己的經歷寫了出來，表示自己受到了侵犯。可是，很多網友不當回事。有的網友回覆說：「你是女權主義鬥士嗎？你在虛擬世界裡被人騷擾又不是真實世界，有什麼好說的呀？」

別拉米勒反駁他們說：「在 VR 中被人侵犯給我帶來的陰影就跟在現實中被人性侵犯帶來的感受是一樣的。所以，VR 遊戲一定要杜絕此類事件再次發生！」

很快這件事經過網路熱議與傳播，QuiVr VR 遊戲的開發者紛紛站出來聲援別拉米勒：「聽到這樣的消息讓我們的心都碎了，竟然有人在我們的遊戲中對女孩子做出了這樣的事情。」

為了防止無良玩家在遊戲中對其他人騷擾和做出其他不雅的動作，QuiVr 的開發者在 VR 遊戲中加入了一種機制，能讓玩家伸長手臂畫個圈，外人一旦靠近這個圈內的空間，那麼他們在 VR 中的形象就會消失。這其中的道理，好比孫悟空用金箍棒在師父和師弟周圍畫一個圈，其他妖魔鬼怪都不能靠近這個圈一樣。

QuiVr 遊戲的開發者在人物周圍設置了一個無形的安全圈，這樣就能防止玩家對另一名玩家進行虛擬的人身攻擊了，玩家們現在就算想要在 VR 遊戲中虛擬打群架也只能互相在遠處表示憤怒罷了。

在 VR 中騷擾其他玩家到底算不算犯罪？玩家在 VR 世界中犯罪是否能判定為犯罪？在 VR 中玩家對他人精神和其他方面造成了損傷會不會受到懲罰？ VR 犯罪不分國界嗎？適用哪國法律？這些 VR 世界裡暴露出來的問題，不僅會挑戰人類的道德，還會推動各國法律的建設與完善。

在 VR 世界，針對越來越多的人身攻擊、語言攻擊和報復打擊等不道德行為，虛擬實境之父杰倫·拉尼爾對目前 VR 技術的發展深感憂慮，他認為人性有很多弱點和劣根性，有時候虛擬實境技術將會放大人類的陰暗面。

杰倫·拉尼爾說：「未來幾年內，虛擬實境技術是我們需要面對的最大道德挑戰，其影響要遠遠超過人工智慧的影響。首先，虛擬實境系統會收集大量的用戶數據。其次，為保證虛擬實境技術的沉浸感，VR 系統平台會對用戶行為跟蹤，他們在做什麼，關注什麼，對什麼會做出何種反應，這些訊息都被記錄下來。最後，虛擬實境技術可能會像網際網路技術一樣會被掌控在少數大公司手中。」

目前，處在虛擬實境技術前沿的是 Facebook 旗下的 Oculus 公司，以及 Google 旗下的項目 Google 卡板（Cardboard）和白日夢 VR 平台（Daydream）。此外，微軟、蘋果、三星、宏達電子和 SONY 公司也在發展 VR 技術和 AR 技術。在這些公司中，有些公司已經在收集用戶數據，以便開發更吸引人的 VR 內容。

圖 6-5 列出了 VR 中的各種安全問題。

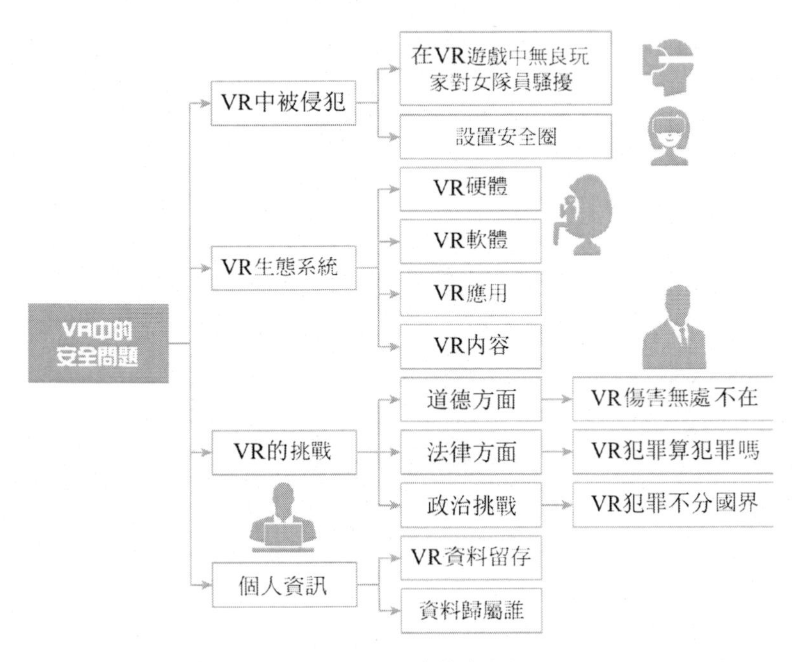

圖 6-5　VR 中的安全問題

這些大公司都要盈利、都要發展業務，肯定會以自己手中積累起來的大數據為參考，並透過 VR 技術來影響用戶的消費行為。拉尼爾坦陳：「在科技行業，收費業務的本質在於對受眾產生影響。擁有虛擬實境技術的公司都可以透過這種方式來影響用戶行為，在這些公司工作的每一個人都可以做到這一點。所以我們必須把控科技力量在道德上的方向性，否則人類社會就（有）麻煩了。」

VR 中的個人訊息安全

相信很多人都沒有忘記稜鏡計畫吧，那就是政府和大企業合謀監控美國公民個人訊息的「絕密計畫」。

2013 年 6 月，前中情局（CIA）職員愛德華·斯諾登將兩份絕密資料交給英國《衛報》和美國《華盛頓郵報》，並告之媒體何時發表。

按照設定的計畫，2013 年 6 月 5 日，英國《衛報》先扔出了第一顆輿論炸彈：美國國家安全局有一項代號為「稜鏡」的祕密項目，要求電信巨頭威訊公司必須每天上交數百萬用戶的通話記錄。

2013 年 6 月 6 日，美國《華盛頓郵報》披露稱，過去六年間，美國國家安全局和聯邦調查局透過進入微軟、Google、蘋果、雅虎等九大網路巨頭的伺服器，監控美國公民的電子郵件、聊天記錄、影片及照片等祕密資料。消息傳出，整個世界為之震驚，這分明是政府和網路公司巨頭合謀起來監控每一位普通民眾！

這項稜鏡計畫（PRISM）是由美國國家安全局（NSA）自 2007 年小布希時期起開始實施的絕密電子監聽計畫，該計畫的正式名號為「US-984XN」。只要美國公民有點反政府的苗頭和想法，政府就會派出中情局特工將問題「扼殺在搖籃裡」。

同樣的道理，現在各個大公司都在發展 VR 技術，他們完全可以與政府再次合作，再製定出另一個絕密的訊息監控計畫。到時候，恐怖分子想利用 VR 遊戲平台交流，就可能被監控到，只是其他普通玩家的所有訊息也都會被政府跟蹤，毫無個人隱私可言。如果有駭客攻克政府網站，那麼公民的個人訊息就會大量洩露，這樣個人訊息也毫無安全可言。看來，保護個人訊息最安全的做法，就是什麼科技都不用了，直接倒退一萬年，回到原始人那個「茹毛飲血」的社會。

隨著 VR 技術的發展，各種 VR 硬體、VR 軟體、VR 應用和 VR 內容形成了龐大的 VR 生態系統。這個 VR 生態系統正在加緊構建虛擬世界，這個虛擬世界對真實的世界構成了複雜的道德、法律和政治挑戰。

凱文·蓋格（Kevin Geiger）說：「在美國，有一些孩子會在網上利用 Facebook 等網路社交平台或者其他軟體平台來欺騙他人。虛擬實境也可以這樣被利用，甚至可以提升事件的層級，比如說，在虛擬世界展示各種欺騙的手段和過程，大大增強了真實感，這樣會誤導更多人學壞。」

現在，不論是小孩還是大人，他們在玩 VR 遊戲或者進行其他社交、娛樂活動時，身體是受到監控的。玩家身體的反應是緊張還是激動，包括玩家眼睛的轉動情況都會受到跟蹤。虛擬實境讓玩家受到更深層次的監控。無論玩家在哪裡，怎麼運動，玩家的眼睛在看什麼，都是會被跟蹤、記錄和儲存的。

比如說，有的玩家看到一個案發現場很緊張，中情局探員會記錄下來，然後找他來談話，你怎麼了？你是不是有事情需要跟我們說？你是不是在撒謊？這些都是 VR 技術可能導致的新問題。

此外，玩家在虛擬世界產生的各種數據都會被留存下來，這些數據歸屬於誰，是 VR 平台、VR 內容商，還是 VR 硬體商？是政府還是其他組織？總之，伴隨 VR 技術的發展會暴露出更多訊息安全的問題，有待人類去一一解決。

在虛擬世界裡如何保障玩家的人身安全和訊息安全？未來，如果在 VR 遊戲中再次出現騷擾、玩家的個人訊息被洩露時，人們應該怎麼維權？管理部門應該怎麼處理？現在，網路實名制作為一種以用戶實名為基礎的網際網路管理方式，可以成為保護、引導網際網路用戶的重要手段和制度。未來，在虛擬世界是不是也要執行這種「VR 實名制」？這些都是需要考慮的問題。

6.6 VR 帝國：逃往虛擬世界，死而復生

在所謂現實世界中，人類進化本身不過是生物體與環境之間持續不斷的訊息交換的具體表現。若你實在厭倦「純數位」生活，眷戀在生命早期擁有的血肉之軀，也可擇吉日良時，將你的全部腦訊息注入另一個全新大腦中，然後再隨便找一具軀體重生。

——《資訊簡史》作者　格雷克

斗轉星移、歲月如梭，在不久的將來，人類的複製技術已經十分先進，完全可以複製任何人。但是，出於種種考慮，各國法律明令禁止複製人的行為。然而，仍有很多科學家在偷偷發展複製人技術。

複製人消滅人類

1997 年科學家複製出第一隻複製羊，起名桃莉。2000 年基因組計畫成功繪製複製人的新未來，因為人類 DNA 圖譜已經繪製完成，可以開展複製人計畫了。隨即，羅馬民眾爆發反

複製遊行示威，因為複製擾亂了他們的正常生活。最後，複製人實驗宣布失敗，因為複製人的記憶無法傳承，複製出來的很多是「白痴」殭屍！不久後，法院判決銷毀所有複製人，《第六日法案》也通過了禁止複製人條款。

人們原本以為複製人已經絕種了、世界已經太平了，然而，倒楣的亞當·吉布森（阿諾·史瓦辛格飾）還是遭遇了複製人的追殺。

有一天，亞當·吉布森回到家中，卻驚異地發現有一個和他一模一樣的人正在他家裡，頂替了自己的位置參加他的生日宴。這個人一會兒親吻他老婆，一會兒抱著他的女兒。這個不知從哪裡冒出來的「複製人」已經霸占了他的家。

正在亞當驚疑之際，有一夥人突然綁架了他，並把他投進了一個神祕的邪惡世界。為了奪回屬於他的生命和他最愛的家庭，亞當·吉布森必須要在最短的時間內找出背後的陰謀，揭發這個天大陰謀——有人在祕密複製人。在調查和爭鬥中，亞當終於明白了自己是寵物複製公司的人類複製試驗品，而作為母體，他面臨著被消滅的危險。

最後，亞當成功潛入寵物複製公司，並控制了複製人技術的負責人威爾博士，消滅了複製自己的那個人，回到了原來平靜的生活。

這就是電影《魔鬼複製人》所表現出現的複製人給人類社

會帶來的極大恐慌。

由於人類的壽命是有限的，人生七十古來稀，百歲老人更是鳳毛麟角，所以千百年來，人們都想著煉製「長生不老藥」。隨著科技的發展，人類想要透過複製人的方法實現永生，但是該技術遭遇的最大的瓶頸就是人類記憶無法傳承。就像科學家能複製出一模一樣的諸葛亮，但是這個複製的諸葛亮對於三國的事情一點也不記得了。

現在，隨著虛擬技術的深入發展，人們開始想透過虛擬技術實現人類的永生，因為人類是社會關係的總和，如果把人類生前的所有訊息全部移植到虛擬世界，並轉化為一個虛擬的人物，徹底拋棄人類的肉身，那麼他將會實現永生。

這種永生方法，比複製人要和善一些，因為他們只存在於虛擬世界，而不存在於真實世界。他們對真實世界的人類並不會造成太多的困擾。人類如果想與這些已逝的人物交流，完全可以透過戴上 VR 頭顯進入虛擬世界實現。

圖 6-6 展示了人類在 VR 中永生的途徑。

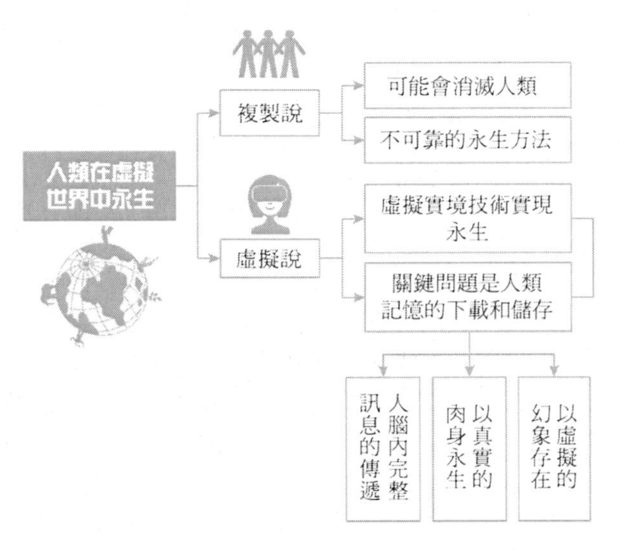

圖 6-6　人類在虛擬世界中永生

在虛擬世界中永生

由於複製技術的發展，人類肉身的更換已經不是問題，再加上虛擬技術的發展，人類創建一個虛擬世界也不是問題，關鍵問題是人類的記憶怎樣下載和儲存。

只要解決了人類記憶的下載和儲存問題，人類就能真正走向永生。因為，在虛擬世界裡繼續存活的人，將在原有記憶的基礎上繼續與真實世界發生互動。

那麼人類實現永生還需要等多少年呢？科幻作家劉慈欣在

《永生的階梯》中曾經表示：「分子生物學、醫學和訊息科學發展，使人類社會處於一個非常微妙的轉折點上，但是在所有人的有生之年，永生絕不可實現……現在雖然沒有通向永生的直達列車，卻出現了一個階梯，只要有人踏上這個階梯的第一級，他就有可能沿著階梯一直走上去。如果永生在五個世紀後實現，你不需要再活五百年，只需要再活五十年就行了。」

五十年後人類實現永生是不夠的，起碼需要人類長達幾個世紀的研發。由於人類科技發展較為緩慢，所以很多人類永生的夢想被一一戳破，包括秦始皇也是還沒有找到長生不老藥就暴斃了。

現在，有些人透過養生來實現長壽，有些人透過冬眠等技術實現長生，也有些人開始把記憶的相關訊息一點一滴保存起來以便未來在虛擬世界中能實現「永生」。不過，就目前的技術水準而言，人類實現永生還是一個「天方夜譚」般的論題。

不過，人類永生並不是沒有希望。全球知名的神經學家和人工智慧專家正致力於攻克記憶傳承的難關，也就是所謂「奇點」的關鍵所在：腦訊息提取（人腦的完整意識複製技術），然後以電腦可以識別的數據形式保存。

有了這些記憶訊息的保存，就算地球毀滅，人類在新的星球上也可以複製自己，重造自己，因為記憶訊息才是人類永生的關鍵。如果重生的人不知道過去的任何事情，就像失憶的人一樣，那麼重生也沒有多大意義。

目前關於人類永生的方式，主要有兩派：一是複製說，透過複製人實現永生；二是虛擬說，透過虛擬實境技術實現永生。

複製說強調對人類進行精細精確的複製。科學家希望透過完整的物質複製，讓物質產生意識、產生同樣的記憶。加拿大科幻小說作家彼得·瓦特斯（Peter Watts）坦陳：「如果物理學是正確的——如果一切事物歸根結底都是物質、能量和數字，那麼對某個物體足夠精確的複製品就會顯現出那個物體的特性。因此，任何一個複製了大腦中相關性質的物理結構都應該能產生智慧。」

然而這種複製說是不可靠的，因為複製羊根本不記得自己的母親是誰，複製人更不會記得自己的創造者是誰。就像亞當·吉布森的複製人一樣，他原本也不知道亞當·吉布森是誰，在科學家為他加載了記憶之後，他才知道他還有一個家庭，有老婆、孩子。當真的亞當·吉布森出現後，複製人為了保護自己的地位，他不得不想方設法除掉真正的亞當·吉布森。可見，「覺醒」之後的複製人有可能會消滅人類。

虛擬說強調的是訊息的傳遞。人腦內完整訊息的傳遞，這才是人類永生的關鍵，只要有同樣的記憶，人類不論是以真實的肉身還是以虛擬的幻象存在都可以實現永生。正如《資訊簡史》作者格雷克所說：「在所謂現實世界中，人類進化本身不過是生物體與環境之間持續不斷的訊息交換的具體表現。在某種意義上講，兩者並沒有本質區別。若你實在厭倦『純數位』生活，眷戀在生命早期擁有的血肉之軀，也可擇吉日良時，將你的全部腦訊息注入另一個全新大腦中，然後再隨便找一具軀體重生。」

未來，人類透過複製實現永生計畫也可能無法執行，因為複製人存在於真實世界後，對人類的道德、法律和政治等多個層面將造成嚴重影響。如果有邪惡的科學家複製出納粹頭子希特勒，那麼整個世界將會被戰爭所毀滅。

相比之下，人類透過 VR 技術實現永生，可能是一條新路子，前提是其中的關鍵問題——記憶的下載和儲存得以解決。這個問題解決之後，人類就沒有「死亡」的概念了。人類在真實世界的肉體死了之後，還可以進入虛擬世界的「天堂」，加載生前的所有記憶，並如同上帝般永遠存在。這些在虛擬世界裡永生的人類不僅知曉他們的過去，還可以預測自己的未來。

官網

國家圖書館出版品預行編目資料

VR：當白日夢成為觸手可及的現實　帶你迅速成為虛擬實境的一級玩家 / 甘開全 編著 . -- 第一版 . -- 臺北市：清文華泉 , 2020.12

面；　公分

ISBN 978-986-5552-26-8(平裝)

1. 虛擬實境 2. 產業發展

312.8　　109015789

VR：當白日夢成為觸手可及的現實　帶你迅速成為虛擬實境的一級玩家

作　　者：甘開全 編著

編　　輯：楊佳琦

發 行 人：黃振庭

出 版 者：清文華泉事業有限公司

發 行 者：清文華泉事業有限公司

E-mail：sonbookservice@gmail.com

粉 絲 頁：https://www.facebook.com/sonbookss/

網　　址：https://sonbook.net/

地　　址：台北市中正區重慶南路一段六十一號八樓 815 室

Rm. 815, 8F., No.61, Sec. 1, Chongqing S. Rd., Zhongzheng Dist., Taipei City 100, Taiwan (R.O.C)

電　　話：(02)2370-3310　　**傳　　真**：(02) 2388-1990

印　　刷：京峯彩色印刷有限公司（京峰數位）

— 版權聲明

定　　價：320 元

發行日期：2020 年 12 月第一版

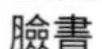

臉書

蝦皮賣場